Erfolgreich studieren

MASCHINENBAU

Vom 1. Semester bis zum Master mit Auszeichnung

„Es gibt keine Geheimtipps oder Zauberlösungen, nur gute Planung und harte Arbeit. Genau daran erinnert einen dieses Buch."
- Pavel

„Als ich das Buch kaufte, habe ich nicht viel erwartet. Umso glücklicher bin ich mit dem Ergebnis. Ich habe eine Menge mitnehmen können und werde erstaunlich viel mit Euphorie aktiv umsetzen."
- Bella

„Für diejenigen, die am Anfang des Studiums stehen, ist dieses Buch eine Pflichtlektüre. Ich wünschte, man hätte es mir am Anfang des Studiums in die Hand gedrückt."
- Onur

„It was perfect because I was looking for information specifically on studying engineering in Germany. Thanks for all the help!"
- Grant

Impressum und Copyright
Lennard W. Hermann
Veltmanplatz 17
52062 Aachen
Verlegt und gedruckt durch:
Amazon Media EU S. à r. l., Rue Plaetis, L-2338, Luxembourg

EINLEITUNG

Die Anzahl von an deutschen Hochschulen eingeschriebenen Studenten hat sich alleine von 2010 bis 2017 um 34 % erhöht und eine Umkehrung des Trends ist nicht abzusehen. Im Maschinenbau ist der Anstieg mit 27 % nicht ganz so stark, aber auch hier lässt sich die wachsende Anzahl an Studenten deutlich erkennen. Aus diesem stetigen Anstieg der Studentenzahl folgt die Notwendigkeit sich in irgendeiner Art und Weise von der Masse abzuheben, wenn man von seiner Zukunft mehr erwartet als nur einen sicheren Job mit einem durchschnittlichen Gehalt. Gerade dem Maschinenbaustudium wird nachgesagt, seinen Absolventen sehr gute Einstiegschancen auf dem Arbeitsmarkt zu ermöglichen. Das ist im Vergleich zu vielen anderen Studiengängen auch der Fall, trotzdem gibt es auch im Maschinenbau riesige Unterschiede zwischen den Absolventen und auch zwischen den Einstiegsjobs, die nach dem Studium ergriffen werden. Ich wollte nie zu der breiten Masse gehören und erwarte von meinem Beruf nicht nur, dass er sicher ist, sondern mir Spaß macht, mich fordert, ich dort mit engagierten Menschen zusammenarbeite und mein Job mir den Lebensstil finanziert, den ich mir wünsche. Um das zu erreichen, reicht es nicht nur den Studienverlaufsplan zu verfolgen und irgendwann mit einem mittelmäßigen Abschluss aus der Hochschule rauszufallen. Deshalb habe ich mich während des Studiums intensiv damit beschäftigt, wie man es schafft, das Maschinenbaustudium nicht nur notentechnisch, sondern im Ganzen erfolgreich abzuschließen. Was ich dabei gelernt habe und wie ich es geschafft habe, möchte ich in diesem Buch an Dich weitergeben.

Dieses Buch ist aus meiner persönlichen Sicht geschrieben und erzählt, wie ich es geschafft habe, von einer Fünf in der Physikabiturprüfung zum Master mit Auszeichnung an der RWTH Aachen zu gelangen. Ich bin kein Experte für Lerntechniken, kein Neurologe und auch kein Studienberater. Dementsprechend möchte ich mich auch nicht als Studienberater darstellen. In diesem Buch gebe ich wieder, was meiner Meinung nach zu beachten ist, wenn man das Maschinenbaustudium erfolgreich abschließen will und unterfüttere diese Ausführungen mit Erzählungen aus meiner Studienzeit. Ich hege auch nicht den Anspruch, dass der von mir gegangene Weg der einzige ist, um das Maschinenbaustudium an allen Fronten erfolgreich abzuschließen, aber es ist definitiv ein Weg, der bewiesenermaßen funktioniert. Um dir meine Erfahrungen weiterzugeben, habe ich das Buch in fünf inhaltliche Kapitel unterteilt. In diesen Kapiteln gehe ich auf notwendige Grundlagen ein, erläutere was in der Vorlesungsphase und der Klausurenphase zu beachten ist, zeige wie du nicht nur Klausuren, sondern auch Abschlussarbeiten mit sehr guten Noten abschließt und erkläre, wie du dich durch Praktika und Nebentätigkeiten von der Masse abgrenzen kannst. Abschließend folgt ein Kapitel in dem ich dir einen konkreten Handlungsplan vorschlage, der auf den Inhalten der vorherigen Kapitel basiert.

Viele der Ratschläge in diesem Buch beziehen sich nicht ausschließlich auf den Maschinenbau und können auch auf andere Studiengänge übertragen werden. Trotzdem ist dieses Buch speziell für Maschinenbaustudenten und kein allgemeiner Studienratgeber. Davon gibt es schon jede Menge und außerdem übersteigt es meine Kompetenzen BWL-, Theologie-, oder Biologiestudenten zu erklären, wie sie ihr Studium zu führen haben. Dieses Buch konzentriert sich auf die Themen, von denen ich etwas verstehe und ist deshalb ein Ratgeber für die tollsten Studenten dieser Welt: für Maschinenbaustudenten.

Ich habe mich beim Schreiben bewusst dagegen entschieden Grafiken und Tabellen einzufügen. Einerseits wird dieses Buch nicht auf DIN A4 gedruckt, wodurch die direkte Anwendung von in das Buch gedruckten Vorlagen nur schwer möglich ist, andererseits werden viele Leser dieses Buch als E-Book lesen und mit Grafiken und Tabellen zum Ausfüllen ebenfalls nichts anfangen können. Ein weiteres Argument gegen Grafiken und Tabellen ist die steigende Seitenanzahl und der dadurch steigende Preis beim Drucken und Formatieren der Inhalte für E-Books. Auf diese Preissteigerung verzichte ich, wodurch es mir möglich war, das Buch zu einem niedrigeren Preis anzubieten. Alle Tabellen oder Grafiken, die in diesem Buch beschrieben sind, sind jedoch so einfach gestaltet, dass du problemlos in der Lage sein wirst, diese mit einfachen Programmen wie Microsoft Office oder Open Office nachzubauen.

Du wirst beim Lesen dieses Buches immer wieder auf kleine Sticheleien gegen Studenten treffen, die sich dazu entschieden haben, Elektrotechnik anstatt Maschinenbau zu studieren. Das beruht auf dem Hintergrund, dass ich in Aachen studiert habe und hier seit Jahrzehnten eine Art Hassliebe zwischen Elektrotechnikern und Maschinenbauern herrscht. Daher konnte ich mir den ein oder anderen Kommentar nicht verkneifen. Ich habe persönlich absolut überhaupt gar nichts gegen Elektrotechniker, Maschinenbauer sind jedoch einfach besser. Weiter möchte ich darauf hinweisen, dass dieses Buch nicht 100 % genderkonform geschrieben ist. Das liegt in keiner Weise daran, dass ich Frauen weniger ansprechen möchte als Männer, sondern weil ich finde, dass Ausdrücke wie Student/in, Maschinenbauer/in oder Personaler/in den Lesefluss unterbrechen und es für mich als Mann intuitiver war, einfach den kürzeren männlichen Ausdruck zu verwenden.

Zum Schluss der Einleitung bleibt mir nur noch übrig, mich bei dir für den Erwerb des Buches und das mir dadurch entgegengebrachte Vertrauen zu bedanken. Ich wünsche dir viel Spaß beim Lesen. Wenn du Fragen oder Anmerkungen hast, freue ich mich diese auf www.lennard-w-hermann.de entgegenzunehmen. Auf das du dein Maschinenbaustudium erfolgreich abschließt und dadurch die Möglichkeit bekommst, deine Traumkarriere zu verwirklichen.

GRUNDLAGEN

Auf den folgenden Seiten werde ich ein paar grundsätzliche Sachen zum Maschinenbaustudium loswerden. Unter anderem, warum man Maschinenbau studieren sollte und aus welchen Gründen man es besser lässt. Ich werde auch auf die persönliche Einstellung eingehen, die meiner Meinung nach für ein erfolgreiches Studium notwendig ist, darauf wie man sich selbst organisiert, mit Lerngruppen umgeht und was zu tun ist, wenn mal etwas nicht so klappt wie geplant.

Weshalb man Maschinenbau studieren sollte und weshalb nicht

Bevor man sich die Frage stellt, ob der Maschinenbau das Richtige für einen ist, sollte man sich darüber im Klaren sein, ob Studieren überhaupt eine gute Wahl ist. Ein Studium ist bei Weitem nicht für jeden das Richtige und besonders in der heutigen Zeit auf keinen Fall mehr Voraussetzung für eine erfolgreiche Karriere, ein hohes Gehalt, hohes gesellschaftliches Ansehen oder was man sich sonst noch von einem Studium verspricht. Ich kann studierter Ingenieur sein und als Sachverständiger in einer Werkstatt landen, wo ich für ein mageres Gehalt grüne, gelbe oder rote Plaketten auf Autoscheiben klebe oder als gelernter Schreiner wundervolle Holzmöbel kreieren, nach denen sich die Menschen die Finger lecken und mir ihr Geld hinterherwerfen. Also ich würde, ohne mit den Wimpern zu zucken, das Studium an den Nagel hängen und nach der nächstbesten Holzsäge greifen. Ein Studium ist nicht für jeden etwas und das muss es auch nicht sein. Meiner Meinung nach sollte sich jeder ernsthafte Gedanken machen, ob Studieren das Richtige für ihn ist oder man doch lieber eine Ausbildung macht. Vielleicht ist auch das Unternehmertum oder eine Selbstständigkeit die beste Wahl und man verfolgt keinen der klassischen Werdegänge. Noch nie war die Welt so offen und die Chancen so gut, um den vorgetrampelten Pfad zu verlassen und seinen eigenen Weg zu gehen. Dieses Buch trägt nicht den Titel „Studieren oder doch nicht?" und ich bin auch nicht dazu qualifiziert, diese Frage für dich zu beantworten. Ich möchte dazu ermutigen, über Alternativen zum Studium nachzudenken. Ich glaube ein Studium nur aus Gründen wie Prestige oder Geld anzufangen, ist ein Fehler, der sich in den Jahren des Studiums und wahrscheinlich auch danach schwer bemerkbar macht. Mein Vater hat mir zu diesem Thema eine Geschichte aus seiner Jugend erzählt, die viel Weisheit enthält und bestimmt dem ein oder anderen bei der Findung einer Entscheidung helfen kann. Für ihn gab es nach dem Abitur zwei Optionen. Entweder Tiermedizin studieren, um einerseits das Interesse für Medizin und andererseits die Liebe zu Tieren abzudecken oder Schreiner werden und die handwerkliche Begabung und Vorliebe für Holzarbeiten fördern. Aus dem folgendem Grund entschied er sich für die Tiermedizin: Mit Holz arbeiten und handwerklichen Tätigkeiten nachgehen kann man auch sehr gut privat als Hobby (z. B. im Modellbau). Bei der Tiermedizin sieht das anders aus. Schwer kranke Hunde, Katzen oder Fledermäuse (selten auch Leguane oder Schlangen...wenn ihr wüsstet...) operieren und Heilen ist im privaten Bereich doch mit deutlichen Einschränkungen verbunden. Er konnte also beide Leidenschaften zum Beruf machen, aber nur eine zum Hobby. Damit ist die Entscheidung gefallen. Falls du dieses Buch liest und noch nicht angefangen hast zu studieren, kann ich dich nur dazu auffordern, auch über Alternativen zu einem Studium nachzudenken. Gerade das Maschinenbaustudium ist in der Realität sicher nicht so, wie Filme das Studentenleben propagieren. Wenn man es aber aus den richtigen Gründen anfängt, ist es noch viel besser.

Der ein oder andere Leser dieses Buches hat sich vielleicht noch gar nicht endgültig dazu entschieden, Maschinenbau zu studieren und nutzt dieses Buch als eine Art Orientierungshilfe. Daher möchte ich anfangs aufzeigen, wann es meiner Meinung nach eine gute Idee ist, das Maschinenbaustudium zu starten und unter welchen Umständen man besser etwas anderes studiert. Das Maschinenbaustudium, ich glaube, das kann man mit gutem Gewissen sagen, ist mit Sicherheit nicht einfach. Natürlich hängt der

Schwierigkeitsgrad stark davon ab, an welcher Hochschule man studiert und wie begabt man auf dem Gebiet ist, aber ein gewisser Grundaufwand, der wahrscheinlich höher liegt als bei vielen anderen Studiengängen, ist unvermeidbar. Daher sollte die Entscheidung, ob man beginnt Maschinenbau zu studieren, gut überlegt sein.

Die Grundvoraussetzung ist ein Interesse für Technik. Du riechst gerne flüssige Stoffgemische aus Kohlenwasserstoffen, auch bekannt als Kerosin oder Benzin? Zischende Turbolader, ein riesiges Windrad, Roboter die Rückwärtssaltos machen oder Laserschneider faszinieren dich? Das ist schon mal ein guter Anfang! Es scheint überflüssig zu erwähnen, dass man sich im Maschinenbaustudium für Technik interessieren sollte, aber ich habe häufig genug mit Studenten gesprochen, die sich eigentlich nicht für die Technik interessiert haben, sondern das Maschinenbaustudium als einen sicheren Weg zu einem guten Gehalt oder Sprungbrett ins höhere Management gesehen haben. Rückblickend lässt sich feststellen, dass fast alle, die sich so oder ähnlich geäußert haben, Probleme im Studium hatten und stark hinterherhinkten. (Kausalität oder Korrelation?).

Weiter bin ich der Meinung, dass es förderlich ist, wenn man Spaß am Lösen von Problemen hat und nicht der Typ ist, der direkt aufgibt, sobald die Lösung nicht offensichtlich ist. Wenn man den Maschinenbau aufs absolut Wesentliche reduziert, ist es eigentlich nichts anderes, als das Lösen von Problemen mit technischen Hilfsmitteln. Auch ein gewisses Maß an Neugier ist ein Indikator dafür, ob das Maschinenbaustudium eine gute Wahl ist. Häufig stehe ich mit Freunden aus dem Studium vor irgendeinem Gerät und wir fragen uns, wie zur Hölle das Ding funktioniert. Wir haben auch schon einige Stunden und Biere vernichtet, indem wir beispielsweise darüber diskutiert haben, worin die größten Schwierigkeiten bestehen, wenn ein humanoider Roboter einem anderen Roboter wieder auf die Beine helfen will. Häufig gingen diese Gespräche auf Kosten der Anwesenden, die weniger technikbegeistert waren, da wir kaum zu stoppen sind, wenn wir uns einmal in ein technisches Problem reingedacht haben.

Ich bin davon überzeugt, dass auch Charaktereigenschaften wie Disziplin, Beharrlichkeit und Begeisterungsfähigkeit für ein erfolgreiches Studium wichtig sind, würde aber nicht sagen, dass sie Voraussetzung sind, um das Maschinenbaustudium zu beginnen (sonst hätte ich nicht anfangen können, da ich das alles erst später wirklich gelernt habe). Aber dazu im Verlauf des Buches mehr.

Gründe, die nicht ausschlaggebend für die Wahl des Maschinenbaustudiums sein sollten, sind das Gehalt und Chancen auf dem Arbeitsmarkt, die man sich nach dem Abschluss erhofft. Ja, als Ingenieur findet man sicher überdurchschnittlich gut Arbeit und auch das Gehalt liegt über dem Durchschnitt. Trotzdem sind dies keine Gründe, die ausschlaggebend dafür sein sollten, sich für oder gegen das Studium zu entscheiden. Als Informatiker hat man beispielsweise noch bessere Chancen einen richtig guten Job zu bekommen. Ich sage nicht, dass das Gehalt und der Arbeitsmarkt keine Argumente sind, aber sie sollten nicht zu stark gewichtet werden. Natürlich würden sich nur die Allerwenigsten durch das Studium quälen, wenn man später nicht viel damit Anfang kann (mein größter Respekt an alle Elektrotechniker, die das trotzdem so tapfer tun), trotzdem bin ich davon überzeugt, dass Leute die anfangen, Maschinenbau zu studieren, ohne sich für Technik zu begeistern, mit der Entscheidung nicht glücklich werden.

An dieser Stelle noch ein kurzer Absatz darüber, was man so mitbringen sollte, um ein Maschinenbaustudium durchzustehen. Man braucht nicht viel, aber viel Lernbereitschaft. Der Maschinenbau ist nicht nur den besonders begabten und intelligenten vorbehalten. Auch Otto-Normalverbraucher können hier Erfolg haben, wenn sie bereit sind, viel zu lernen. Ich war in der Schule nie besonders gut und wurde auch nie für besonders intelligent gehalten. Ich habe beispielsweise in der mündlichen Abiturprüfung in Physik eine Fünf bekommen. Du kannst dir vorstellen, wie die drei Physiklehrer mich nach der Prüfung angeschaut haben, als ich auf ihre Frage, was ich denn nach der Schule mache wolle, geantwortet habe, dass ich in Aachen Maschinenbau studieren will. Auch die ganz harten Knüppel wie Thermodynamik oder Regelungstechnik habe ich im Studium eher miserabel abgeschlossen. Trotzdem habe ich es geschafft, den Master an der RWTH Aachen mit Auszeichnung abzuschließen. Nicht, weil ich überdurchschnittlich intelligent bin, sondern weil ich bereit war, extrem viel zu lernen und mich stetig verbessert habe. Wenn du dich also für Technik interessierst, du Problemen gerne auf den Grund gehst und bereit bist ordentlich zu pauken, dann stehen die Sterne gut, dass der Maschinenbau das Richtige für dich ist und du ein echter Maschi werden kannst. Mich persönlich würde das sehr freuen, denn dann kann ich dir mit diesem Buch weiterhelfen. Außerdem sind wir Ingenieure ein entscheidender Faktor für den Wohlstand in unserem Land und ich begrüße es sehr, wenn mehr und mehr Menschen sich dazu entscheiden, die Rätsel unserer Welt zu lösen und die MINT (Mathematik, Informatik, Naturwissenschaften, Technik) Richtung einschlagen. Wer will denn schon stundenlang über die Motive der Iphigenie auf Tauris diskutieren, wenn er stattdessen bei der Entwicklung eines Triebwerks helfen kann, dass genug Schub erzeugt, um 51 Tonnen (das entspricht 23 VW Touaregs) senkrecht in die Luft zu ziehen (Triebwerk GE90).

Zum Abschluss des Abschnittes, ob das Maschinenbaustudium die richtige Wahl ist, ein paar Zitate von großen Ingenieuren.

„Wer aufhört zu lernen, ist alt. Er mag zwanzig oder achtzig sein."
– Henry Ford

„Am Anfang schaute ich mich um und konnte den Wagen, von dem ich träumte, nicht finden. Also beschloss ich, ihn selber zu bauen."
– Ferry Porsche

„Die fortschreitende Entwicklung des Menschen hängt in lebenswichtiger Weise von Erfindungen ab."
- Nikola Tesla

„Ich bin nicht entmutigt, weil jeder als falsch verworfene Versuch ein weiterer Schritt vorwärts ist."
– Thomas Edison

„Geniale Menschen beginnen große Werke, fleißige Menschen vollenden sie."
– Leonardo da Vinci

Das Studium zu schätzen wissen

Dir muss zu jedem Zeitpunkt des Studiums bewusst sein, dass studieren freiwillig ist. Niemand zwingt dich dazu. Gerade in schwierigen Zeiten, wenn das Stresslevel hoch und die Motivation auf einem Tiefpunkt ist, fällt es uns sehr schwer zu glauben, dass wir uns das wirklich aus freien Stücken antun, aber so ist es. Mir hat es häufig geholfen, mich daran zu erinnern, dass ich freiwillig studiere. Wenn ich ein Motivationsloch hatte, habe ich mich daran erinnert und dadurch neue Motivation gefunden. Wenn man etwas freiwillig macht, dann will man es auch gut machen. Der Fachbegriff für diesen Sachverhalt ist intrinsische Motivation, die Motivation von innen heraus. Genau diese intrinsische Motivation ist ein unglaublich mächtiges Hilfsmittel, um schwierige Zeiten durchzustehen und das wundervolle Privileg des Studiums in vollem Maße zu nutzen.

Das Studium erfolgreich und mit sehr guten Noten abzuschließen (das ist nicht das Gleiche) ist heutzutage wichtiger denn je. Ich habe manchmal das Gefühl, dass wir uns in einer Art Abschlussinflation befinden. Das geht schon beim Abitur los und geht bis zum Master. Immer mehr Menschen machen mit immer besseren Noten einen Abschluss. Was ist denn heute schon ein Abitur mit einer Eins vor dem Komma? Klar ist das gut, aber keineswegs außergewöhnlich. Frag mal deine Eltern, wie viele Schüler in ihrem Abiturjahrgang ein Abi mit 1,3 oder besser gemacht haben. Bei meinen

Eltern waren das nicht mehr als drei Leute, bei mir waren es schon mindestens 20. Ähnlich ist das auch im Studium. In der heutigen Zeit scheint es völlig normal zu sein mindestens einen Bachelor zu haben. Auch für Berufe, die eigentlich überhaupt kein Studium erfordern, werden mittlerweile akademische Abschlüsse verlangt. Ich urteile keineswegs über diese Umstände, eigentlich sollte es uns alle freuen, wenn immer mehr Menschen möglichst viel Bildung erhalten. Es bringt uns nur in die unangenehme Lage, sich von der Masse abheben zu müssen. Ein einfacher Hochschulabschluss ist lange kein Erfolgsgarant mehr.

Durch ein erfolgreiches Studium kannst du dich von der Masse abheben und dir unglaublich viele Türen für die Zukunft öffnen. Ich finde, es ist eine schreckliche Vorstellung, nach dem Studium 30 Bewerbungen rauszuschicken und dann den Job nehmen zu müssen, bei dem man eben eine Zusage bekommen hat. Das kann es nicht sein! Ich möchte nach dem Studium mehrere Optionen haben, zwischen denen ich mich entscheiden kann. Ich möchte aktiv entscheiden, wo ich in Zukunft 40 Stunden die Woche verbringe und das nicht zugeteilt bekommen. Aber um diese Entscheidung treffen zu können, muss man gut sein, man muss sogar sehr gut sein. Ein erfolgreiches Studium ermöglicht dir genau diese Entscheidung. Ich möchte, dass du den Spieß umdrehst und nicht du dich anbietest, sondern sich die Unternehmen dir anbieten. Das Prinzip von Angebot und Nachfrage funktioniert auch auf dem Arbeitsmarkt. Du darfst nur nie vergessen, dass du keine Arbeit nachfragst, sondern du das Angebot bist. Unternehmen fragen Arbeitskraft nach und Arbeitnehmer bieten ihre Arbeitskraft als Angebot an. Wenn man das einmal wirklich verstanden hat, ist es nur logisch, sein Angebot (Arbeitskraft) so zu gestalten, dass die Nachfrage (Unternehmen) besonders hoch ist und man dementsprechend aus mehreren Arbeitgebern und Arbeitskonditionen wählen kann.

Es geht jedoch nicht nur darum, nach dem Studium einen guten Job zu bekommen. Die Auswirkungen eines erfolgreich abgeschlossenen Studiums sind noch viel größer. Oft höre ich Studenten Sätze sagen wie: Ach, wenn du einmal einen Job hast, ist es eh egal, was du während des Studiums gemacht hast oder wie deine Noten waren. Das ist faktisch einfach falsch und häufig nur eine Ausrede, um weniger gute Studienleistungen zu legitimieren. Die Verbindung zwischen deinem Studium und den Jobs nach deiner ersten Arbeitsstelle mag zwar nicht mehr so direkt erkennbar sein, aber sie ist definitiv da. Ich denke, wir sind uns einig, wenn ich sage, dass Studienleistungen ein entscheidender Faktor sind, um nach dem Studium einen wirklich guten Job zu bekommen, was das auch immer für einen persönlich bedeuten mag. Genau dieser Job, den man sich durch seine Studienleistungen erarbeitet hat, ist ausschlaggebend für die folgende Karriere. Wenn du dich nach deiner ersten Stelle auf eine neue Stelle bewirbst, schauen die Personaler natürlich hauptsächlich auf deinen aktuellen Job und genau an diesem wirst du gemessen und eingeschätzt. Hattest du bereits eine Führungsposition, wirst du anschließend keine Stelle mit weniger Gehalt oder Verantwortung bekommen. Deine erste Stelle ist ein maßgeblicher Faktor dafür, wie dich Personaler einschätzen. Die Ergebnisse aus dem Studium sind also tatsächlich auch im späteren Berufsleben relevant, weil sie die erste Arbeitsstelle beeinflussen und diese die Marschrichtung für die folgende Karriere vorgibt.

Wenn man sein Studium überdurchschnittlich gut abschließen möchte, ist es extrem hilfreich, die Vielzahl an Angeboten zu nutzen, die einem von der Hochschule geboten werden. Erfolgreich Studieren heißt nicht nur gute Noten zu haben, sondern auch, über das von der Hochschule geforderte Engagement hinaus, Leistung zu zeigen. Nach dem platten Sprichwort, „über den Tellerrand hinausschauen", muss man aktiv nach Zusatzangeboten und Chancen suchen, die einem während des Studiums angeboten werden. Ich habe es schon sehr oft erlebt, dass sich Studenten mit dem guten Ruf einer Universität gerühmt haben und von Elite gesprochen haben, aber tatsächlich Nichts, aber auch gar Nichts anderes gemacht haben, als das Minimum, das auf dem Lehrplan steht. Die Lehre sogenannten Eliteunis mag gut sein, aber der gute Ruf kommt noch woanders her. Er kommt genauso durch die Zusatzangebote und das Umfeld, welches die Hochschule den Studenten bietet. Durch die Forschungsinstitute, an denen nahezu jeder Student mitarbeiten kann, durch unzählige Veranstaltungen, die Studenten mit Firmen zusammenbringen oder durch die riesen Menge an Vereinen, in denen man sich engagieren kann. Wer sein Studium erfolgreich abschließen will, muss mehr machen, als nur Lehrveranstaltungen der Hochschule zu besuchen und Klausuren zu schreiben. Mehr darüber, wie ich es gemacht habe und was für unglaubliche Chancen sich dadurch für mich ergeben haben, findest du in dem Kapitel „Praktika und Nebentätigkeiten".

An dieser Stelle möchte ich dir noch einen Rat geben, den ich während meines Studiums zu spät verstanden und umgesetzt habe. Lebe das Studentenleben und genieße es! Damit meine ich nicht das Studentenleben, von dem ältere Generationen gerne sprechen und auch nicht jeden Tag Nudeln mit roter Soße zu essen, sondern, dass man die Freiheiten des Studentenlebens und das Umfeld der Hochschule voll wahrnimmt. Besuch Poetry Slams (oder die eh viel cooleren Science Slams), geh ins Unikino, triff jede Menge neue Leute, sei offen, lerne eine neue Sprache, studiere in einem anderen Land, nutz die viele freie Zeit und versuch mal deine eigene Idee umzusetzen. Es gibt so viele Sachen, die man als Student besonders gut machen kann. Tritt einem Verein bei, spiel Theater, werde richtig gut in einem Sport, hilf internationalen Studenten als Mentor, werde Erstitutor oder versuch dir überall Studentenrabatt zu erschnorren. Kaum eine Zeit im Leben ist so gut dafür geeignet sich persönlich weiterzuentwickeln, verrückte Sachen zu machen oder herauszufinden, worauf es einem im Leben wirklich ankommt, wie das Studium. Probiere mal einen neuen Rhythmus aus und steh um 12 auf und geh um 4 morgens ins Bett, ganz getreu nach dem Motto „Guten Tag meine Damen und Herren, guten Morgen liebe Studenten". Du hast in deinem Leben noch genug Zeit, um von 8 bis 17 Uhr zu arbeiten. Aber vielleicht ist dieser Rhythmus ja nichts für dich? Probiere es aus. Ich habe leider zu spät gelernt, das Studentenleben lieben zu lernen. Sei schlauer als ich und nutz die Freiheit und das Umfeld, das dir gegeben wurde.

Selbstorganisation

Um im Maschinenbau erfolgreich zu werden, ist es extrem wichtig, gut organisiert zu sein. Organisiert sein bezieht sich auf viele Aspekte. Es geht darum, immer zu wissen wann und wo deine Veranstaltungen sind, ob etwas ausfällt, welche Themen für die Klausur relevant sind, worauf der Fokus der Veranstaltung liegt, aber auch zu wissen, was deine Rechte in Klausuren und vor allem in der Einsicht sind. Gut organisiert sein bedeutet, so viele Informationen wie möglich zu besitzen. Eine gute Organisation erspart dir viel Zeit und Ärger und hat sich für mich mehr als einmal als wesentlicher Vorteil herausgestellt. Hier zwei Beispiele für fatale Folgen schlechter Organisation.

In meinem Master hatte ich das Fach „Optische Messtechnik und Bildverarbeitung“ belegt. Thematisch war das Fach sehr interessant, aber leider war die Lehre nicht sonderlich gut. Die Veranstaltung war einschläfernd und die Organisation ließ zu wünschen übrig, weshalb viele Studenten nicht zur Vorlesung und Übung gegangen sind. Für die Klausur durften wir ein handbeschriebenes DIN A 4 Blatt vorbereiten, um es während der Klausur als Formelsammlung zu nutzen, damit wir keine riesen Formel, wie die Maxwellgleichungen, auswendig lernen mussten. Natürlich versuchten alle die Kapazitäten eines Blattes bis zum Maximum auszureizen und schrieben alles Abfragbare auf. Zusätzlich hatte das Institut eine eigene Formelsammlung veröffentlich, die eine Übersicht über alle in der Veranstaltung verwendeten Formeln gab und zeigte, welche Formeln wir „wissen“ mussten (also auf unsere eigene Formelsammlung schreiben mussten) und welche Formeln in der Klausur gegeben wurden. Am Tag der Klausur haben wir uns dann mit unseren handbeschriebenen Formelsammlungen im Hörsaal versammelt und den Ankündigungen gelauscht. Auf die Frage des Dozenten, ob es noch Fragen gebe, meldete sich ein Student. Er hatte keine Formelsammlung dabei, weil er nicht wusste, dass wir ein Blatt mit in die Klausur nehmen durfte. Er fragte, ob er die gedruckte Formelsammlung vom Institut benutzen dürfe. Natürlich war die

Antwort nein, denn es wurde klar gesagt, dass nur ein handbeschriebenes DIN A 4 Blatt mitgenommen werden darf. Das Nutzen der gedruckten Formelsammlung könnte theoretisch ein Vorteil sein und wurde nicht gestattet. Die Sachlage war klar. Dieser Student musste die Klausur ohne eigene Formelsammlung schreiben, was nicht heißt, dass er sie nicht bestehen konnte, aber ich bin mir sehr sicher, dass keine zufriedenstellende Note rausgekommen ist, falls er bestanden hat. Das ist ein klassisches Beispiel für schlechte Organisation. In diesem Fall bedeutete das, dass der Student nicht bei der Vorlesung und der Übung war, nicht an der Klausursprechstunde teilgenommen hat und sich die hochgeladenen Folien der Klausursprechstunde nicht einmal angeguckt hat. Ansonsten hätte er besser Bescheid gewusst. Mein Mitleid hat sich in diesem Fall in Grenzen gehalten. Das Beispiel zeigt, wie entscheidend es sein kann, eine spezielle Information zu besitzen.

Ein anderes Beispiel hat sich während der Klausur „Thermodynamik" im Grundstudium zugetragen. Thermodynamik ist eine der gefürchtetsten Klausuren an der RWTH Aachen und man findet selten Studenten, die die Klausur im ersten Anlauf bestanden haben. Wenn du einen Aachener Maschinenbauer fragst, wie der erste Hauptsatz der Thermodynamik lautet, wird er sagen „Thermo schreibt jeder zweimal". (Der erste Hauptsatz der Thermodynamik besagt, dass die Energie in einem abgeschlossenen System konstant ist. Energie also nicht aus dem System entweichen kann, sondern nur in eine andere Form umwandelbar ist.) Da die Klausur sehr schwer ist, gibt es viele Studenten, die während der Klausur abbrechen und zum Arzt gehen, um sich ein Attest zu holen, damit ihnen kein Fehlversuch angerechnet wird. So war es auch bei Freunden von mir. Leider wussten die beiden nicht, dass in diesem speziellen Fall auf dem Attest stehen musste, weshalb sie die Klausur nicht abschließen konnten. Sie mussten den Arzt also aktiv von seiner Schweigepflicht entbinden, damit er den Krankheitsgrund auf das Attest schreiben konnte. Andernfalls wird das Attest vom Prüfungsamt nicht anerkannt und die Klausur als nicht bestanden gewertet (diese Regelung hat sich mittlerweile geändert). Meine Freunde haben die Klausur also abgebrochen, sich ein Attest geholt und es beim Prüfungsamt abgegeben. Das Attest wurde nicht anerkannt und ihnen wurde ein Fehlversuch angerechnet. Durch gute Organisation hätte man sich diesen Stress definitiv sparen können.

Zu wissen, wann und wo welche Veranstaltungen sind, klingt banal, kann aber extrem wichtig werden. Ich meine damit keine Regeltermine wie eine Vorlesung, die jeden Montag um 8:30 ist (wobei es auch gut wäre das zu wissen), sondern zu wissen, wann beispielsweise besondere Tutorien, Stoffeingrenzungen, Klausursprechstunden oder Einsichten sind. Ich habe es oft genug miterlebt, dass Studenten die Regelveranstaltungen im Semester nicht besucht haben und sich auch nicht im online Lernraum informiert haben. Als der Lehrstuhl dann ein Repetitorium angeboten hat, wussten diese Studenten nichts davon und haben die Chance verpasst, sich wichtige Tipps für die Klausur abzuholen. Du musst nicht jede Vorlesung oder Übung besuchen, aber sich auf dem neusten Stand halten, welche Veranstaltungen stattfinden, solltest du definitiv. Das geht entweder über Kommilitonen, die die Veranstaltungen besuchen oder eben über online Lernräume, wo alle organisatorischen Dinge veröffentlicht werden.

Es ist aber nicht nur wichtig über Veranstaltungen Bescheid zu wissen, wie die beiden Beispiele zeigen. Du solltest grundsätzlich gut organisiert sein. Besuch zumindest die erste Vorlesung jedes Faches, um die organisatorischen Dinge mitzubekommen. Halt dich über Onlineplattformen auf dem Laufenden und mach dich mit deinen Rechten und Pflichten bezüglich Klausuren und Einsichten bekannt. Informationen sind Macht und die brauchst du, um dein Studium richtig erfolgreich abzuschließen. Gute Organisation bezieht sich jedoch nicht nur auf Termine und Informationen, sondern auch auf das Mitschreiben in Veranstaltungen.

Mit einem Matetee und einem superstylischen Tablet in der Vorlesung zu sitzen und alles so mitzuschreiben, dass es aussieht wie ein Kunstwerk, direkt in die Cloud hochgeladen wird und das am besten noch handsigniert vom Professor? Klingt cool, lohnt sich meiner Meinung nach aber nicht. Ich möchte an dieser Stelle kurz darauf eingehen, welche technischen Hilfsmittel ich selber benutzt haben, was davon sinnvoll war und was nicht.

Grundsätzlich brauchst du für das Maschinenbaustudium nur das, was du auch so zum Überleben brauchst, einen Laptop. Dein Laptop muss nicht der neuste und schnellste sein, sollte sich aber auch nicht wie ein Flugzeugtriebwerk anhören, wenn du ihn einschaltest. Du brauchst deinen Laptop zum Lesen von PDFs und PowerPoint-Folien, Schreiben von Texten und zur Anwendung von CAD (Computer Aided Design) Programmen zum Konstruieren oder zur Nutzung anderer Software. Da ich meinen Laptop sehr häufig transportiert habe und auch im Zug damit gearbeitet habe, war ich sehr froh eine Bildschirmgröße von 13 Zoll zu haben. Falls du auch Zuhause häufig am Laptop bist, empfehle ich stark, dir einen Bildschirm, Maus und Tastatur anzuschaffen, die du an deinen Laptop anschließt, um dir Zuhause eine Arbeitsstation einzurichten.

Als weiteres technisches Hilfsmittel habe ich mir gegen Ende des zweiten Semesters ein Tablett zugelegt. Ich hatte mich für eine sehr günstige Variante entschieden, da ich es nur zum Lesen von PDFs verwendet habe. Hauptsächliche habe ich es genutzt, um meinen Laptop nicht immer mitschleppen zu müssen und mein Material, wie Übungsaufgaben und Vorlesungsfolien trotzdem immer dabei zu haben. Anstatt des Laptops konnte ich in der Klausurenphase mein Tablet mit in den Lernraum nehmen. Zum Mitschreiben und Notizen machen in Veranstaltung habe ich es nicht genutzt. Nach einigen Tests bin ich zu dem Entschluss gekommen, dass das für mich absolut keinen Mehrwert bietet. Wie ich es ohne Tablet gemacht habe, erfährst du in einem späteren Kapitel.

Ich persönlich bin der Meinung, dass technische Hilfsmittel wie Tablets oder Laptops zwar sinnvoll sein können, dem guten alten Stift mit Papier aber nicht das Wasser reichen können. Handschriftliche Notizen bieten einfach deutlich mehr Freiheiten, lassen dich nie im Stich und kosten fast nichts. Das mag meine individuelle Einschätzung sein, aber ich glaube ebenfalls, dass beim Schreiben mit der Hand im Gehirn etwas passiert, das beim Tippen nicht geschieht. Beim Schreiben oder Notizen machen per Hand fühle ich mich deutlich kreativer und die Verbindung zum Geschriebenen ist viel stärker. Ich kann mir handschriftlich geschriebene Dinge besser merken als abgetippte. Ich kann und will das nicht wissenschaftlich beweisen, aber vielleicht achtest du ja mal darauf, ob du auch aufmerksamer bist, wenn du per Hand mitschreibst. Natürlich gibt es genug Leute, die mit Laptop oder Tablet in Veranstaltungen super zurechtkommen, aber ich kann es nicht mit gutem Gewissen weiterempfehlen.

Gute Selbstorganisation ist nicht nur im Studium hilfreich, sondern hilft dir im ganzen Leben, egal was du erreichen willst. Ich habe mich lange Zeit damit beschäftigt, was für mich das beste System ist, um gut organisiert zu sein. Schlussendlich habe ich mir ein eigenes System entwickelt, das auf den Modellen aus *David Allens „Getting Things Done"* und *Steven Coveys „7 Habits of Highly Effective People"* beruht. Das System ist unabhängig vom Studium und vom Maschinenbau, ich möchte es aber trotzdem mit in dieses Buch aufnehmen, weil es ungemein zu meinem Erfolg im Studium beigetragen hat.

Das Ziel des Organisationssystems ist es, alle Termine und ToDos so abzubilden, dass du nicht ständig nachdenken musst, wann noch mal welcher Termin ist oder im Hinterkopf behalten musst, dass du dies oder jenes noch machen wolltest. Die Termine und ToDos müssen so verarbeitet werden, dass sie für dich immer ersichtlich sind und du immer zum richtigen Zeitpunkt daran erinnert wirst, wenn etwas zu tun ist. Wenn du dich zu 100% auf dein System verlassen kannst, schaffst du dir dadurch die riesen Freiheit, nie groß über Termine und Aufgaben nachdenken zu müssen. Zusätzlich fördert es die Erledigung von Aufgaben, die man sonst gerne mal unter den Tisch fallen lässt. Du magst vielleicht glauben, dass du so ein System nicht brauchst, weil du als Student eh nicht so viele Termine und ToDos im Kopf behalten musst oder, dass du mit einem einfachen Terminkalender zurechtkommst. Das kann momentan sein, als Ingenieur wird aber sicherlich der Moment kommen, ab dem du eben nicht mehr alle Termine und ToDos im Kopf haben kannst und ein einfacher Kalender nicht mehr reicht, um dich effizient zu organisieren. Dann musst du so einiges im Kopf behalten und viele Sachen, die du dir vorgenommen hast, werden unter den Tisch fallen. Unser Gehirn ist ein furchtbar schlechter Terminkalender und wir sollten es auch nicht als solchen Nutzen. Die Stärken des menschlichen Gehirns liegen ganz woanders. Sie liegen in der Kreativität, lösen komplexer Probleme, erkennen von Zusammenhängen und noch vielen anderen Dingen. Diese Stärken können wir aber nicht nutzen, wenn unser Gehirn damit beschäftigt ist, Termine und ToDos im Hinterkopf zu behalten. Du kannst mein Organisationssystem übernehmen oder es einfach als Beispiel oder Inspiration verwenden. Auch wenn du noch am Anfang deines Studiums bist und noch nicht sonderlich viele Termine oder Verpflichtungen hast, macht es Sinn, sich ein Organisationssystem zuzulegen. Je früher du damit beginnst, desto besser kannst du für dich testen, was gut und was weniger gut funktioniert. Wenn dann die Zeit kommt, in der bei dir viel ansteht und du das System wirklich brauchst, musst du nicht erst lange rumprobieren und bist den allermeisten einen großen, wenn nicht sogar zwei große Schritte voraus.

Mein System besteht aus drei zusammenhängenden Elementen. Das erste Element ist ein ganz normaler Kalender. In den Kalender werden alle Termine eingetragen, für die ein fester Zeitpunkt festgelegt werden kann. Also ein konkreter Tag und eine konkrete Uhrzeit. Das Allerwichtigste ist, dass der Kalender vollständig ist. Wenn man vergisst, Termine einzutragen, verfehlt das System seinen Nutzen. Daher benutze ich den Google-Kalender auf meinem Handy. Sein Handy hat man immer dabei und das Eintragen von Terminen geht sehr schnell. Dadurch wird die Wahrscheinlichkeit Termine nicht einzutragen drastisch reduziert, was bei Kalendern in Papierform nicht der Fall ist. „Das trage ich später ein, wenn ich zuhause bin“ ist eine ganz schlechte Angewohnheit, die wahrscheinlich schon so einige Termine hat platzen lassen. Zusätzlich kann man sich von seinem Kalender im Handy an Termine erinnern lassen. Ich lasse mich immer so frühzeitig an Termine erinnern, dass ich sie noch rechtzeitig wahrnehmen könnte, wenn ich sie vergessen hätte. Dadurch muss ich mir keine Sorgen machen Termine zu vergessen, denn ich weiß, sie sind in meinem Kalender gespeichert und ich weiß auch, dass ich rechtzeitig an sie erinnert werde. Auch diese Erinnerungsfunktion ist ein wesentlicher Vorteil gegenüber Kalendern, die auf Stift und Papier basieren. Wenn du fünf Termine von der Physiotherapie bekommst, trag sie direkt ein. Wenn am Montag in zwei Monaten um 13 Uhr die Anmeldung für einen Kurs freigeschaltete wird, den du besuchen willst, trag es direkt ein. Wenn du dich in drei Wochen am Wochenende mit deinen Freunden zum Lasertagspielen verabredet hast, dann trag es direkt ein. Ich möchte es noch mal wiederholen, weil es essenziell für die Funktion des Systems ist. Nutze einen Kalender auf deinem Handy und trage alle festen Termine immer sofort ein. Das ist auch die erste direkte umsetzbare Handlungsempfehlung, die ich in diesem Buch gebe. Hör auf zu lesen, nimm dein Handy, lad dir eine Kalenderapp runter und leg dir einen Kalender an. Am schönsten ist es, wenn man sich direkt das Kalenderblatt für den aktuellen Monat auf eine der Seiten des Handys legt, damit man den Kalender nicht immer erst öffnen muss, um die Termine zu sehen.

Das zweite Element des Systems befindet sich ebenfalls auf dem Handy und ist eine ToDo-Liste. In diese Liste kommen alle Aufgaben oder Erledigungen, die nicht fest terminiert sind. Ebenfalls stehen auf der Liste Dinge, die du irgendwann mal erledigen willst, aber noch gar nicht festgelegt hast, wann das passieren soll. Während ich diesen Absatz schreibe steht auf meiner ToDo-Liste beispielsweise:

- Dankes-Geschenk für Tobi besorgen
- Investmentstrategie überdenken
- Laptop wieder fit machen
- Trockner kaufen

Das sind alles Dinge, die ich erledigen möchte, aber noch nicht festgelegt habe wann. Es ist aber wichtig, dass sie auf meiner Liste stehen, damit ich sie nicht vergesse bzw. damit ich mir keine Sorgen machen muss, sie zu vergessen, weil ich genau weiß, dass ich sie notiert habe. Mir fällt nicht während des Arbeitens plötzlich ein, dass ich ja noch einen Trockner kaufen muss und der Gedanke behindert mich dann beim Arbeiten, denn ich weiß ganz genau, dass dies auf meiner Liste steht und ich es machen werde, wenn die Zeit dafür gekommen ist. Wenn mir dieser Gedanke kommt, kann ich also kurz schmunzeln und ihn dann wieder ziehen lassen, um mich weiter auf das zu konzentrieren, was ich gerade mit voller Aufmerksamkeit tun möchte. Die Kapazität, die ein Gehirn benötigt, um sich all die ToDos zu merken, wird dadurch frei und kann für anderes genutzt werden. Zum

Beispiel, um sein Studium erfolgreich abzuschließen. Du kannst jede beliebige ToDo-Listen-App oder normale Listen App benutzen. Wichtig ist nur, dass du die ToDo-Liste auf deinem Handy hast, damit sie, wie der Kalender, so gut wie immer zur Verfügung steht. Mir fallen beispielsweise oft Dinge ein, während ich mit dem Bus fahre, Besorgungen mache oder beim Sport bin. Dann habe ich mein Handy und meine Liste dabei und kann die Dinge direkt eintragen, um sie nicht im Gedächtnis behalten zu müssen. Der tatsächliche Sinn der Liste wird sich erst im nächsten Absatz offenbaren, in dem es um das dritte Element geht und die ToDo-Liste aktiv genutzt wird. Zum Thema Listen möchte ich an dieser Stelle noch ergänzen, dass ich jede Menge verschiedene Listen nutze, um alles Mögliche zu organisieren. Aktuell sind auf einer Seite meines Handys vier Notizzettel mit Listen. Eine Liste für Weihnachtsgeschenke, eine für Reparaturarbeiten in meiner Wohnung, eine für Bücher, die ich noch lesen möchte und eine weitere für Dinge, die ich beim Einkaufen nicht vergessen möchte. Die Technik mit den Listen habe ich aus dem Buch von David Allen, welches du auf der Literaturliste findest. Die zweite direkte umsetzbare Handlungsempfehlung lautet also, dir eine App herunterzuladen, mit der du deine ToDo-Liste führen kannst. Hör auf zu lesen, lad dir eine App herunter und trag alle Aufgaben ein, die dir momentan einfallen.

Das dritte und letzte Element des Systems ist ein Wochenplan, der den Kalender, die ToDo-Liste und deine Alltagsaufgaben zusammenbringt, um dir einen klar strukturierten Fahrplan für die Woche zu erstellen. Dieser Fahrplan stellt sicher, dass du deine alltäglichen Aufgaben, deine Termine und deine ToDos auf dem Schirm hast und umsetzt. Bei der Gestaltung deines Wochenplans sind deiner Kreativität keine Grenzen gesetzt. Meine Kreativität befindet sich auf einem ziemlich stabilen Nullniveau, weshalb mein Wochenplan eine einfache Excel Tabelle mit sieben Spalten für jeden Tag und mehreren Zeilen für die Aufgaben ist. In der ersten Zeile stehen die Wochentage von Montag bis Freitag, dann folgen sieben Zeilen zum Eintragen von Aufgaben und abschließend eine Zeile für Notizen. Jeden Sonntag reserviere ich mir zehn Minuten, um meinen Wochenplan zu erstellen. Es muss nicht zwangsweise der Sonntag sein, aber ich finde, er eignet sich besonders gut, da es der Abschluss der Woche ist und die

Wahrscheinlichkeit, zehn Minuten Ruhe zu finden am größten ist. Es muss sich zu einer Gewohnheit entwickeln, einmal wöchentlich deinen Wochenplan zu erstellen. Ich setzte mich also hin, öffne meinen Wochenplan in Excel und trage erst einmal alle Termine ein, die in meinem Kalender stehen. Diese Termine sind fest und können nicht ohne Weiteres verschoben werden, weshalb sie als erstes eingetragen werden. Hierzu gehören beispielsweise auch Univeranstaltungen. Sie haben eine feste Uhrzeit und sollten daher in deinem Kalender stehen. In den Wochenplan werden jedoch keine Uhrzeiten eingetragen. Es geht darum, die für jeden Tag zu erledigenden Aufgaben darzustellen. Die Uhrzeiten bleiben weiterhin ein Monopol des Kalenders. Sind die Termine für die kommende Woche aus dem Kalender in den Wochenplan übertragen, werden alle Alltagstätigkeiten eingetragen. Alltagstätigkeiten stehen weder im Kalender noch auf der ToDo-Liste und sind Dinge wie Sport machen, Putzen oder Einkaufen gehen. Es sind Routinetätigkeiten, die nicht fest terminiert sind, aber gemacht werden müssen. Da du deine festen Termine ja schon im Wochenplan hast, kannst du gut sehen, an welchen Tagen deine Alltagstätigkeiten reinpassen. In einem letzten Schritt öffnest du deine ToDo-Liste und überlegst, welche der Aufgaben aus der Liste du nächste Woche erledigen möchtest und welcher Tag sich dafür gut anbietet. Jetzt zeigt sich auch der wahre Sinn der ToDo-Liste, denn du liest sie jeden Sonntag aufs Neue durch. Erledigst du ein paar Aufgaben in der kommenden Woche nicht, weil du viel zu tun hast oder eine neue Serie auf Netflix gelaunched wurde, ist das kein Problem. Du weißt ganz genau, dass du nächsten Sonntag erneut in die Liste schauen wirst und die Aufgaben dann erneut in den Wochenplan übertragen kannst. Wann ich welche Aufgaben aus meiner ToDo-Liste erledige, ergibt sich einerseits aus der Dringlichkeit der Aufgabe und andererseits aus dem Rahmen, den mein Wochenplan mir noch bereitstellt. Sehe ich, dass beispielsweise dienstags und freitags noch Lücken in meinem Wochenplan sind, versuche ich Aufgaben in meiner ToDo-Liste zu finden, die gut in diese Lücken passen und fülle sie auf.

Wenn alle Termine, Alltagsaufgaben und ToDos in meinen Wochenplan übertragen sind, drucke ich ihn, mache ein Foto mit meinem Handy, damit ich ihn auch mobil immer dabeihabe und lege ihn gut sichtbar auf meinen

Schreibtisch. Meistens schaue ich abends auf den Plan, um zu sehen, welche Aktivitäten am nächsten Tag anstehen. Erledigte Aufgaben werden im Verlauf des Tages durchgestrichen. Handelt es sich um eine Aufgabe aus der ToDo-Liste, wird der Eintrag in der Liste gelöscht. Wichtig ist, dass du den Eintrag in der ToDo-Liste erst löschst, wenn er auch wirklich erledigt ist und nicht schon, wenn er in den Wochenplan geschrieben wurde. Es kann ja durchaus mal passieren, dass man nicht alle Einträge eines Tages bewältigt bekommt. Wenn mir das passiert, kreise ich den nicht erledigten Eintrag am Ende des Tages ein und versuche ihn handschriftlich mit einem Pfeil zu einem anderen Tag zu schieben und ihn an diesem Tag zu erledigen. Genauso kannst du auch Einträge aus zukünftigen Tagen frühzeitig erledigen, wenn du Zeit hast. Diese Einträge werden dann frühzeitig rausgestrichen.

Wenn du alle drei Elemente wie beschrieben nutzt, fängt das System ganz schnell an ein Selbstläufer zu sein und du wirst merken, dass du auf einmal deutlich mehr innerhalb einer Woche geschafft bekommst. Dein Gehirn wird weniger dazu missbraucht als Termin- und Aufgabenspeicher zu fungieren. Es entwickelt sich eine Routine, die dafür sorgt, dass du immer gut organisiert bist. Während der Woche füllst du deinen Kalender mit neuen Terminen und deine ToDo-Liste mit neuen Aufgaben. Sonntags erstellst du deinen Wochenplan, der dir den Fahrplan für die kommende Woche liefert. Hast du das System in deinen Alltag integriert, bist du einem erfolgreichen Studium einen, wenn nicht sogar zwei oder drei bedeutende Schritte nähergekommen. Mit einer gut funktionierenden Organisation legst du das Fundament für deinen zukünftigen Erfolg und das nicht nur im Studium.

Lerngruppen

Wenn mich jemand fragt, wie ich es geschafft habe mein Grundstudium so schnell mit guten Noten über die Bühne zu bringen und er eine schnelle Antwort haben will oder ich nur eine schnelle Antwort geben möchte, sage ich immer, dass ich eine sehr starke Lerngruppe hatte. Ich kann keinen einzelnen Faktor nennen, der zum Erfolg im Studium führt und ich glaube, den gibt es auch nicht, aber im Maschinenbau ist eine gut funktionierende Lerngruppe Gold wert. Der ein oder andere mag mir an dieser Stelle widersprechen und auch genug Gegenbeispiele finden, die immer alleine gelernt haben und super durchs Studium gekommen sind. Ich würde jedoch meine Hand dafür in eine geschmolzene Titanlegierung tunken, dass man mit einer Lerngruppe um mehrere Potenzen mehr Spaß beim Studieren hat, als die Studenten, die immer alleine lernen. Selbst im Maschinenbau geht es bei einer Lerngruppe ausnahmsweise nicht nur um das Fachliche, sondern auch um zwischenmenschliche Aspekte. Ich gebe an dieser Stelle auch ganz offen und ehrlich zu, dass es Fächer gab, die ich ohne meine Lerngruppe definitiv nicht im ersten Anlauf bestanden hätte. Ich werde erst ein paar allgemeine Dinge zu Lerngruppen erläutern und zum Ende dieses Kapitels meine persönlichen Erfahrungen teilen.

Es gibt mehrere Aspekte einer Lerngruppe, die sie zu einem sehr mächtigen Werkzeug machen, um hervorragende Noten zu schreiben und beim Lernen so viel Spaß zu haben, wie es eben möglich ist. Natürlich haben nur die wenigsten Spaß daran, die fünfte Differenzialgleichung hintereinander zu lösen. Wenn man sich dabei aber darüber streiten kann, wer den nächsten Kaffee holt oder das letzte Stück Pizza isst, macht es das Ganze direkt viel angenehmer. Gemeinsame Kaffeepausen und das Mittagessen werden zu Zwischenzielen, auf die man sich freut. Man flucht gemeinsam über Aufgaben und feiert gemeinsam, wenn man etwas verstanden oder gelöst hat. Man lacht zusammen und ist zusammen gefrustet. Hier greift das Motto „geteiltes Leid ist halbes Leid“. Aber es ist nicht nur ein Mehr an Spaß, das man durch eine Lerngruppe gewinnt.

Ich bin zum Glück kein Psychologe, aber auch ich habe gemerkt, dass sich in einer Lerngruppe eine Gruppendynamik entwickelt. Man fühlt sich gezwungen mit den anderen mitzuhalten. Man möchte nicht hinterherhängen und fühlt sich dadurch auf eine bestimmte Art und Weise gezwungen zu jedem Treffen zu kommen und mitzuarbeiten. Natürlich ist das eine Form von Druck, aber meiner Meinung nach ist es ein positiver Druck, der einen dazu bewegt, mehr Leistung zu bringen. Wenn ihr zu viert in einer Lerngruppe seid und die anderen drei treffen sich zum Lernen, du bist aber nicht dabei, weil du auf Netflix hängen geblieben bist, dann ist das ein ganz schön beschissenes Gefühl. Dieser Gruppendruck drängt dich dazu, die Treffen wahrzunehmen und zu lernen, denn du musst dich nicht nur vor dir selbst rechtfertigen, sondern auch deiner Lerngruppe erklären, warum du nicht kommst. Zusätzlich ist es auch für die anderen in einer Lerngruppe besch...eiden, wenn eine Person öfters nicht dabei ist, weil ihr natürlich der Anschluss fehlt und dadurch viele Dinge wiederholt werden müssen, was Zeit und Nerven kostet. Man raubt sich also nicht nur selber die Zeit, sondern auch den anderen. Natürlich kann es immer mal vorkommen, dass man zu einem Treffen nicht kann. Es sollte aber definitiv nicht die Regel sein, sonst hat eine Lerngruppe keinen Sinn und wird nicht richtig funktionieren. Du wirst dann auch merken, dass die Anderen unzufrieden sind und schlechte Stimmung herrscht. Zuverlässigkeit ist das Stichwort. Wer nicht zuverlässig ist, hat in einer Lerngruppe nichts zu suchen. Ich halte es für einen extrem geschickten Schachzug, diese Gruppendynamik zu nutzen, um sich selbst dazu zu bewegen, regelmäßig zu lernen. Den Druck, der dabei entsteht, habe ich persönlich nie als negativ empfunden, denn insgeheim wusste ich ja, dass es mir helfen wird, mein Ziel zu erreichen und mein Studium erfolgreich abzuschließen.

Neben dem Spaß und dem Gruppendruck hat eine Lerngruppe noch einen weiteren entscheidenden Vorteil. Beziehungsweise, sie sollte diesen Vorteil haben, wenn es eine gute Lerngruppe ist. Auf Punkte, die eine gute Lerngruppe ausmachen, werde ich aber noch eingehen. Der weitere Vorteil sind die unterschiedlichen Stärken der Gruppenmitglieder, die zusammen zu (Achtung Klugscheißerwissen) Synergieeffekten führen. Jeder profitiert von den Stärken der Anderen, die im besten Fall seine eigenen Schwächen sind und diese kompensieren können. An dieser Stelle noch mal der Disclaimer, dass ich kein Psychologe bin, aber dass es in Gruppen immer unterschiedliche Rollen gibt, sollte jeder bereits erfahren haben. Wenn sich diese Rollen gut ergänzen, ergibt sich etwas Größeres als die Summe der Einzelteile (Synergieeffekte...yeah). Genau das passiert in einer guten Lerngruppe. Beispielsweise gibt es Leute, die überdurchschnittlich intelligent sind und schwierige Zusammenhänge schnell durchblicken. Das sind die Experten, die meistens die Rolle des Erklärers einnehmen. Andere sind extrem gut organisiert, haben immer alle Unterlagen und Informationen. Die Organisatoren helfen der Lerngruppe nichts zu übersehen und immer auf dem neusten Stand zu sein. Es gibt aber auch Rollen, die keine so offensichtliche Aufgabe erfüllen, aber trotzdem sehr wichtig sind. Dazu gehört beispielsweise der Motivator, der auch nachmittags um 4 alle noch mal anspornt, Knallgas zu geben oder öfters mal Süßigkeiten dabeihat, um die Motivation hochzuhalten. Eine andere interessante Eigenschaft, die in einer Lerngruppe nützlich ist, hat der Frager. Häufig tut man Zusammenhänge als verstanden ab, wenn man sie grob durchdrungen oder für das vorliegende Beispiel verstanden hat. Eigentlich hat man sie aber noch gar nicht wirklich kapiert. Der Frager ist sich für keine Frage zu schade und bohrt so lange nach, bis er es wirklich verstanden hat. Das hilft auch den anderen Gruppenmitgliedern ein tieferes Verständnis zu erlangen und Zusammenhänge nicht zu schnell als erledigt abzuhaken. Um möglichst effektiv zu lernen, ist es wichtig, dass die Zusammensetzung der Lerngruppe aus unterschiedlichen Charakteren besteht. Es ist nicht sonderlich förderlich, wenn die Lerngruppe nur aus Organisatoren besteht, die zwar super organisiert sind, den Stoff aber nicht verstehen und so unmotiviert sind, dass sie immer nach dem Mittagessen Feierabend machen. Natürlich ist das leichter gesagt als getan, aber die Chancen, dass eine Gruppe aus unterschiedlichen Charakteren besteht, stehen ziemlich gut. Wenn man sich dessen bewusst ist, kann man es nutzen und die Lerngruppe zu einem wahrhaftigen Team aus Power Rangern transformieren.

Neben der Gruppenzusammensetzung gibt es natürlich noch weitere Aspekte, die bei einer Lerngruppe zu beachten sind. Wahrscheinlich hast du dich schon gefragt, warum ich das nicht schon ganz am Anfang geschrieben habe, aber na klar, das Allerwichtigste ist, dass man sich gut versteht. Du musst nicht mit all deinen Lernpartnern ziemlich beste Freunde werden, aber man muss sich verstehen und auch zusammen Mittagessen und Kaffee trinken können. Nur wenn man sich versteht, kann man auch zusammen lachen oder auch ehrliche Kritik äußern. Es wird immer Phasen geben, in denen alle angespannt sind, es zu hitzigen Diskussionen kommt oder man die Schnauze von den Anderen voll hat. Besteht in so einem Fall keine Basis, auf der man sich auch neben der Lernerei versteht, ist die Wahrscheinlichkeit groß, dass die Lerngruppe auseinanderfällt.

Ein weiterer Aspekt, der unbedingt zu beachten ist, ist die Gruppengröße. Ist man nur zu zweit, kann man wohl kaum von einer Lerngruppe sprechen und die beschriebenen Vorteile kommen kaum zum Vorschein. Es entsteht kein wirklicher Gruppendruck, der einen zum Lernen anspornt und auch die Synergieeffekte durch die heterogene Gruppenzusammensetzung können nicht voll ausgenutzt werden. Wenn Person A zu einem ausgemachten Lerntermin nicht kommen will, schreibt er Person B einfach eine Nachricht und das Treffen fällt für beide flach. Anders ist das bei einer größeren Gruppe. Wenn Person A eine Nachricht schreibt, dass er nicht komme, treffen sich die anderen trotzdem zum Lernen. Es kann aber genauso der umgekehrte Fall eintreffen und die Lerngruppe ist zu groß. In diesem Fall ist es schwer Termine zu finden und sich zu organisieren. Das Lernen wird schnell unruhig und die Ablenkung ist groß. Ein weiteres Problem bei großen Gruppen ist die Platzsuche. Ob in Lernräumen der Uni oder zu Hause, bei einer großen Gruppe kann es schnell schwierig werden, einen geeigneten Platz zum Lernen zu finden. Ich halte eine Gruppengröße zwischen vier und sechs Personen für optimal. So findet man gut einen Platz, es wird nicht zu laut oder unruhig, es entsteht eine Gruppendynamik und man kann von den unterschiedlichen Charakteren profitieren. Die Größe hängt jedoch auch mit der Art der Lerngruppe zusammen. Handelt es sich um eine Lerngruppe, die gemeinsam Aufgaben löst und diese anschließend bespricht, würde ich eher zu einer Vierergruppe raten. Werden Aufgaben nicht gemeinsam gelöst, sondern jeder arbeitet im Prinzip für sich und es werden nur Fragen diskutiert, kann die Gruppe ruhig etwas größer sein.

Jetzt habe ich darüber berichtet, wie wichtig eine Lerngruppe ist und was dabei zu beachten ist, aber nicht beschrieben, wie man überhaupt eine Lerngruppe findet. Das will ich natürlich nicht außen vor lassen. Es gibt an dieser Stelle mehrere Möglichkeiten. Die einfachste Variante ist, mit deinen Freunden eine Lerngruppe zu bilden, mit denen du auch die Univeranstaltungen besuchst. Ihr kennt euch schon und verbringt bereits Zeit miteinander, also warum nicht auch zusammen lernen. Hier besteht allerdings die Gefahr, dass die Gruppengröße nicht stimmt oder die Charaktere nicht zusammenpassen. Nur weil man sich als Freunde super versteht, bedeutet das nicht automatisch, dass man gut zusammen lernen kann. Eine zweite Variante ist, Kommilitonen in Veranstaltungen anzusprechen und vorerst für konkrete Fächer Lerngruppen zu bilden. So kannst du zwei, drei Lerngruppen ausprobieren. Wenn eine gut funktioniert, könnt ihr anfangen auch für andere Fächer zusammen zu lernen. Variante drei ist soziale Medien oder Foren zu nutzen, um Lernpartner zu finden. Auch hier kannst du vorerst nach Lernpartnern für konkrete Fächer suchen. Ich würde einfach einen Post verfassen, der so oder ähnlich lautet:

„Hallo zusammen, ich suche eine Lerngruppe für Thermodynamik und/oder Mechanik 2, um sich an festen Terminen regelmäßig zu treffen, Aufgaben zu lösen und zu besprechen. Wenn es gut klappt, gerne auch für weitere Fächer."

Du kannst den Text beispielsweise in Facebook Gruppen oder Foren teilen. Wenn sich Leute melden, trifft man sich ein paar Mal und testet, wie gut es funktioniert. Klappt es gut, erweitert man die Lerngruppe auf mehrere Fächer und mehr Termine. Harmoniert man nicht, lässt man die Sache im Sand verlaufen und sucht sich neue Lernpartner. Du wirst im Laufe der Zeit sowieso nicht drum herumkommen, dir neue Lernpartner zu suchen, da es recht unwahrscheinlich ist, dass ihr vom Anfang bis zum Ende des Studiums gleich schnell vorankommt und die gleichen Fächer belegt. Wenn du die Augen offen hältst, aktiv suchst und dir nicht zu schade bist Kommilitonen anzusprechen, wird das Finden einer Lerngruppe kein Problem.

Bisher habe ich Lerngruppe bis in den Himmel gelobt, muss aber eingestehen, dass das Lernen in einer Gruppe nicht immer und bedingungslos sinnvoll ist. Es gibt Fächer wie, Höhere Mathematik oder Regelungstechnik, bei denen eine Lerngruppe bestehensnotwendig sein kann, wohingegen Fächer wie Qualitätsmanagement, Business Engineering oder Kommunikations- und Organisationsentwicklung besser alleine verinnerlicht werden. Grund dafür ist der Inhalt der Fächer und die Art und Weise, wie gelernt wird. Wird in einem Fach viel gerechnet und es geht um komplexe Zusammenhänge, wo ein Teil der Schwierigkeit im Verständnis des Systems liegt, ist es ein großer Vorteil mehrere Hirne zu haben, die an der richtigen Lösung arbeiten, denn meistens gibt es nur eine Lösung und genau diese Lösung muss gefunden werden. Die Gauß-Quadratur ergibt entweder das Ergebnis aus der Musterlösung oder sie ist falsch. Ist sie falsch, hat sie hoffentlich wer anders aus der Gruppe richtig und kann dir zeigen, wo dein Fehler liegt. Haben alle nicht im Sinne des Herrn Gauß gehandelt und ein falsches Ergebnis berechnet, lässt sich der Fehler in der Gruppe meist erheblich schneller finden. Eine Lerngruppe macht also immer dann Sinn, wenn gerechnet werden muss, es nur eine richtige Lösung gibt und/oder komplexe Systeme verstanden werden müssen. Fächer, in denen ich meine Lerngruppe unglaublich zu schätzen wusste, waren beispielsweise Höhere Mathematik, Mechanik, Elektrotechnik, Thermodynamik, Regelungstechnik, Simulationstechnik, Wärme- und Stoffübertragung und Strömungsmechanik.

Wie erwähnt, gibt es jedoch auch Fächer, in denen sich eine Lerngruppe nicht zwangsläufig rentiert und sogar eher zu langsamerem Fortschritt führen kann. Das sind besonders Fächer, in denen es hauptsächlich um Auswendiglernen geht. Auch Fächer mit einfachen Rechnungen, die in sehr kurzer Zeit durchgeführt werden müssen, wo also nicht die Rechnungen, sondern die Geschwindigkeit die Schwierigkeit ist, lassen sich meist besser alleine lernen. Wie soll man auch in einer Gruppe Auswendiglernen? Klar, man kann sich gegenseitig abfragen, aber das kann man auch alleine. In diesem Fall glaube ich, dass die Ablenkung durch die Gruppe größer ist, als der minimale (wenn überhaupt) Vorteil den man hat, wenn man sich von einer anderen Person abfragen lässt. Fächer eignen sich demzufolge nicht für eine Lerngruppe, wenn sie eine geringe Komplexität aufweisen, es hauptsächlich um Auswendiglernen geht oder einfache Rechnungen und Fakten in kurzer Zeit abgefragt werden. Beispielhafte Fächer in meinem Studium waren Industrielle Montagesysteme, Optische Messtechnik und Bildverarbeitung, Qualitätsmanagement, Business Engineering, Grundlagen der Verbrennungsmotoren oder Fertigungstechnik. Häufig nimmt die Anzahl solcher Fächer mit dem Fortschritt des Studiums zu. Anfangs müssen die Grundlagen gelernt werden, die zum Leid vieler, eben sehr mathematisch und rechenlastig sind. Im späteren Studium geht es um die Anwendung dieser Grundlagen auf spezifische Fälle, wo eher das Faktenwissen gefragt ist. Demzufolge ist häufig auch der Kontakt zu Lerngruppen zu Beginn des Studiums höher als gegen Ende. An dieser Stelle muss man jedoch sagen, dass das stark von der gewählten Vertiefung abhängt. An der RWTH Aachen und auch an den allermeisten anderen Universitäten in Deutschland beginnt man mit einem Grundstudium und vertieft sich dann teilweise bereits im Bachelor, spätestens im Master auf ein Fachgebiet. In Abhängigkeit von der Vertiefung kann es auch hintenraus im Studium noch eine Menge Fächer geben, in denen eine Lerngruppe sehr sinnvoll ist. Freunde von mir, die sich im Bachelor in Luft- und Raumfahrt und im Master in Luftfahrt vertieften, haben bis zum Ende ihres Studiums in Lerngruppen gelernt. Ich hingegen habe Produktionstechnik als Vertiefung gewählt und hatte im Master beispielsweise nur Mechatronik und Steuerungstechnik als Fach, wo lernen in einer Gruppe von Vorteil war.

Nach den recht theoretischen Ausführungen über die Vor- und Nachteile von Lerngruppen, was zu beachten ist, wie man sie findet und wann Lerngruppen sinnvoll sind, möchte ich dir erzählen, wie es bei mir abgelaufen ist.

Meine erste Lerngruppe hat sich direkt ein paar Wochen nach der Erstiwoche gebildet und bestand aus sieben Studenten, die alle in meiner Erstigruppe gewesen sind. Die Lerngruppe hatte sich recht automatisch gebildet, als das Studium losging, wir alle top motiviert waren und ohne Ausnahme in Mechanik anfangs rein gar nichts kapiert haben. Wir haben uns also eher unregelmäßig getroffen und versucht Aufgaben zu lösen. Recht schnell hat sich jedoch gezeigt, dass die Gruppengröße von sieben Mann dazu führte, dass man häufig abgelenkt war und nicht fokussiert arbeiten konnte. Weiter haben wir auch menschlich nicht besonders gut harmoniert, weshalb sich die Lerngruppe, so schnell wie sie entstand, auch wieder auflöste. Übrig geblieben ist eine Dreiergruppe, die aus zwei Freunden und mir bestand. In dieser Gruppe hat das Lernen schon deutlich besser funktioniert, eine gewisse Regelmäßigkeit oder ein System hatten wir aber noch nicht. Das Lernen zu dritt ging bis zur ersten Klausurenphase des ersten Semesters, als ein weiterer Kommilitone, der auch in meiner Erstigruppe war, dazugestoßen ist. Wir hatten viele Veranstaltungen zusammen besucht und er war in einer Gruppe untergekommen, die ebenfalls nicht sonderlich gut funktionierte, weshalb er sich uns anschloss, bevor es richtig losging mit der Lernerei. Jetzt waren wir zu viert und die Klausuren rückten immer näher. Wir entschieden uns feste Termine festzulegen und uns regelmäßig zu treffen. Wir harmonisierten gut und hatten so viel Spaß beim Lernen, wie es eben ging. Als die Semesterveranstaltungen vorbei waren, wir also keine Vorlesungen und Übungen mehr hatte, ging es dann richtig los. Wir trafen uns jeden Tag von 9 bis 16 Uhr und lernten zusammen. An der RWTH werden die Klausuren über die gesamten Semesterferien verteilt geschrieben, wodurch man jede Menge Zeit hat, sich vorzubereiten (was für ein Luxus...). Die Ergebnisse der ersten Klausuren waren zufriedenstellend, weshalb wir die Lerngruppe auch in den folgenden Semestern beibehielten. Je weiter die Semester ins Land zogen, desto seltener lernten wir jedoch in der ursprünglichen Viererkombination. Manche von uns mussten Klausuren wiederholen und ab dem vierten Semester wählten wir teilweise unterschiedliche Vertiefungen, was dazu führte, dass wir weniger Fächer gemeinsam hatten bzw. weniger Klausuren gemeinsam geschrieben haben. Entweder lernten wir dann in reduzierter Gruppengröße oder es kamen für bestimmte Fächer noch andere Kommilitonen dazu, die wir bereits kannten. Dabei haben wir die Gruppengröße von fünf aber nie überschritten. Zum Master hin hatte sich die Lerngruppe vollständig aufgelöst, da unsere Stundenpläne einfach komplett unterschiedlich waren, wir also keine gemeinsamen Klausuren mehr hatten. Im Zuge dessen änderten sich für mich auch die Anforderungen der Fächer. Ich musste weniger mathematisch arbeiten und mehr Auswendiglernen, weshalb ich größtenteils alleine lernte. Für die Fächer, in denen eine Lerngruppe sinnvoll war, habe ich mir Leute gesucht, die die entsprechenden Veranstaltungen mit mir zusammen besucht haben und nur speziell für dieses Fach eine Lerngruppe gebildet. Wir haben uns dann allerdings nicht mehr jeden Tag getroffen, sondern eher um Fragen, die beim Lernen aufgekommen sind, gemeinsam zu besprechen. Ich hatte also keine feste Lerngruppe mehr, sondern habe mich immer dann mit anderen getroffen, wenn ich für ein Fach lernen musste, bei dem Lernen in einer Gruppe Vorteile geboten hat.

Anfangs habe ich es nicht bemerkt, doch auch in meiner ursprünglichen Viererlerngruppe gab es klare Rollen. Wir hatten einen Experten, der Aufgaben schneller verstand als wir anderen und mathematisch sehr versiert war. Kamen wir nicht weiter, konnte er uns häufig aus dem Schlamassel retten. Zusätzlich sparte es sehr viel Zeit, wenn er uns die Lösungen zu Aufgaben erklärte, anstatt dass wir die Musterlösungen studieren mussten. Wir hatten auch einen engagierten Motivator, der uns immer dazu anhielt noch eine Stunde dran zu hängen oder daran zu erinnern, wofür wir uns getroffen haben, wenn wir mal wieder über völlig andere Themen diskutierten. Ein weiterer Lernpartner stellte extrem viele Fragen, wodurch wir gezwungen waren, Dinge, die wir zu schnell als verstanden abgehakt hatten, noch mal zu besprechen, bis sie wirklich jeder verinnerlicht hatte. Das letzte Mitglied war der Organisator, der immer dafür sorgte, dass wir alle Informationen und vollständige Materialien hatten. Rückblickend bin ich sehr dankbar, solch eine Lerngruppe gehabt zu haben. Wir haben unglaublich gut zusammen funktioniert und wahrscheinlich das letzte bisschen Spaß, dass man beim Lernen haben kann, herausgepresst. Natürlich gab es gute Zeiten und schlechte Zeiten. Manchmal sind wir uns auch unglaublich auf die Nerven gegangen oder haben uns gestritten. Die Streite sind aber nie persönlich geworden, sodass sie schnell vergessen waren.

Wenn es mal nicht so klappt wie geplant

Egal wie schlau du bist, egal wie gut du organisiert bist und egal, aus was für Übermenschen deine Lerngruppe besteht, irgendwann wird in deinem Studium mal etwas nicht so funktionieren, wie es geplant war. Das kann sich auf Klausuren, Hausarbeiten, Praktika oder Nebenjobs beziehen. Das Wichtigste ist, mit der Niederlage richtig umzugehen. Das Zitat ist eventuell etwas überspitzt, aber wie heißt es so schön *„Verliere lieber die Schlacht und gewinne den Krieg, als die Schlacht zu gewinnen und den Krieg zu verlieren"*. Du hast zwar eine Klausur oder Anderes in den Sand gesetzt, aber nicht dein Studium. Wenn du eine Niederlage einstecken musst, geh damit so um, dass die Auswirkungen auf dein gesamtes Studium so gering wie möglich sind.

Ich schreibe dieses Kapitel, weil ich unglaublich oft miterlebt habe, wie Studenten durch eine Klausur gefallen sind und diese dann auf Gedeih und Verderb ohne wirkliche Planung ins nächste Semester reingeschoben haben. Natürlich funktioniert es in den meisten Fällen nicht gut, einfach eine zusätzliche Klausur zu schreiben. Das führt dazu, dass man durch weitere Klausuren durchfällt oder schlechte Noten schreibt. Dadurch hat sich der ganze Studienverlauf verschoben und auch der Notenschnitt verschlechtert. Um genau das zu verhindern, muss das Ausbügeln von Fehltritten aktiv und weitsichtig geplant werden. Jeder macht Fehler, aber wie wir damit umgehen macht den entscheidenden Unterschied.

Du solltest nicht bestandene Klausuren möglichst zeitnah wiederholen, damit noch so viel Stoff wie möglich im Kopf bleibt. Optimal ist es, wenn du an einer Uni studierst, die Nachschreibertermin anbietet und du das Fach im selben Semester direkt noch mal schreiben kannst. Wenn du allerdings bis zur Klausurenphase des nächsten Semesters warten musst, ist gute Planung angesagt. Schau dir an, *welche* Klausuren du *wann* nächstes Semester schreibst und wie schwierig diese Klausuren sind. Dann vergleichst du den Klausurplan mit dem Termin, an dem du die nicht bestandene Klausur nachschreiben kannst. Liegt diese Klausur zeitlich gut und du traust dir ganz objektiv wirklich zu, eine zusätzliche Klausur zu schreiben und dabei weiter gute Noten erreichen zu können, dann versuch es. Liegt die Klausur zeitlich nicht gut, musst du überlegen, ob du eine andere Klausur nicht schreibst oder die nicht bestandene weiter in die Zukunft schiebst. Vielleicht hast du das kommende Semester schon durchgeplant, bevor du erfahren hast, dass du diese eine verdammte Klausur noch mal schreiben musst. Das ist schade, aber kein Weltuntergang. In dieser Situation kommt es darauf an, dass du flexibel handelst und nicht starr an deinem alten Plan festhältst. Die Rahmenbedingungen haben sich geändert, also musst du auch deinen Plan ändern, um optimale Ergebnisse zu erzielen. Das ist ein Standardprozedere in nahezu jeder Ingenieurdisziplin. Ändern sich die äußeren Umstände, muss in der Regel auch das System geändert werden, um gleichbleibende gewünschte Ergebnisse zu erzielen.

Wenn während des Studiums mal etwas in die Hose geht, kommt es aber nicht nur darauf an, agil zu reagieren, sondern auch aus den Fehlern zu lernen. Du musst den Grund analysieren, warum es nicht so geklappt hat, wie du es geplant hattest. Studenten, die jedes Semester aufs Neue darüber klagen, dass sie zu spät angefangen haben zu lernen, kann ich beispielsweise nicht ernst nehmen. Das passiert vielleicht am Anfang des Studiums, aber nach ein paar Semestern sollte es nicht mehr vorkommen, wenn einem wirklich etwas daran liegt, sein Studium erfolgreich abzuschließen. Das Gleiche gilt für einzelne Klausuren. Falle ich durch eine Klausur durch, muss ich mir sorgfältig überlegen, warum ich durchgefallen bin und dann meine Lernstrategie für den Wiederholversuch anpassen. Habe ich schlicht weg zu wenig Zeit eingeplant? Habe ich den Fokus falsch gesetzt oder hatte ich nicht alle Unterlagen? Es hilft an dieser Stelle auch andere zu fragen, die die Klausur erfolgreich abgeschlossen haben. Such die Ursache für den Fehler und behebe diesen beim nächsten Versuch.

Mir persönlich ist mal ein grober Schnitzer bei einem Telefoninterview unterlaufen, aus dem ich definitiv gelernt habe. Gegen Ende meines Bachelors wollte ich unbedingt ein 6-monatiges Praktikum im Ausland machen. Infrage kamen die USA, Australien und Kanada. Dabei habe ich mich unter anderem bei Rolls-Royce in South Carolina beworben. Die Bewerbung lief über eine deutsche Zentrale. Ich hatte es mit meinen

Bewerbungsunterlagen durch die erste Vorauswahl geschafft und ein Telefoninterview stand bevor. Ich habe mich für das Interview extra in einen ruhigen Raum gesetzt, mir ein Wasser hingestellt und darauf geachtet, dass ich guten Empfang hatte. Was ich allerdings nicht dabei hatte, waren meine Bewerbungsunterlagen. Die nette Dame am Telefon fragte mich prompt, ob ich ihr bitte meinen Lebenslauf auf Englisch erklären könne. Da mein Englisch zu dem Zeitpunkt noch zu wünschen übrig gelassen hatte und mein Lebenslauf nicht mal vor mir lag, stammelte ich etwas vor mich hin, das wohl so ähnlich geklungen haben muss, wie eine vorgelesene Aufzählung der Hälfte der Dinge, die zu dem Zeitpunkt in meinem Lebenslauf standen. Hätte ich meinen Lebenslauf gedruckt und auf Englisch vor mir liegen gehabt, hätte ich mit Sicherheit deutlich souveräner auf diese Frage antworten können. Ich habe das Praktikum bei Rolls-Royce nicht bekommen, was sich hinten heraus als Glücksfall herausgestellt hat, aber ich werde mit 100%iger Gewissheit keine Telefoninterviews mehr führen, ohne meine Bewerbungsunterlagen sowohl auf Deutsch als auch auf Englisch vor mir liegen zu haben.

Etwas, das mir persönlich noch am Herzen liegt und zu der Thematik passt, ist der Umgang mit der Schuldfrage. Ich glaube, es ist nur menschlich, dass wir bei etwas Negativem, das uns zustößt, schnell fragen, wer die Schuld dafür trägt. Genauso ist es im Studium. Wer ist schuld daran, dass ich die Klausur nicht bestanden habe? Wer ist schuld daran, dass ich das Praktikum nicht bekommen habe? Wer ist schuld daran, dass meine Hausarbeit so schlecht bewertet wurde? Zum Glück gibt es in der Regel auf diese Fragen nur eine richtige Antwort. Schuld ist man in den allermeisten Fällen selbst. Die Verantwortung tragen immer wir selbst und das ist auch gut so. Nur dann haben wir die Chance das Ergebnis aktiv mitzugestalten. Wenn ich jemand anders die Schuld gebe, gebe ich ihm die Verantwortung und damit auch die Macht über mich. Bin ich selbst in der Verantwortung, habe ich die Macht und kann aktiv ins Geschehen eingreifen. Versteh mich nicht falsch. Natürlich kommt es mal vor, dass eine Klausur im Vergleich zu den Jahren davor besonders schwer gestellt war, oder eine Hausarbeit tatsächlich nicht ganz gerecht bewertet wurde, aber die Schuld für schlechte Noten oder das Durchfallen hat trotzdem niemand anderes. Denn es gibt auch immer Leute, die selbst die schwere Klausur mit guten Noten bestanden haben und zu denen kann man auch gehören, wenn man richtig gelernt hat. Wie das funktioniert, bringe ich dir in diesem Buch bei. Es funktioniert aber nur, wenn du auch für Fehltritte die Verantwortung übernimmst und sie nicht deinem Professor in die Schuhe schiebst. Ich habe Studenten kennengelernt, die sich nach jeder Klausur aufs Neue über die Aufgaben aufgeregt haben und die Schuld von sich wiesen. Nach ihrer Einschätzung haben sie in ihrem ganzen Studium wohl noch keine wirklich faire Klausur geschrieben, denn was zu meckern gibt es immer. Dieses andauernde Beschweren über die Klausuren ist eine sehr negative Eigenschaft, vor der ich eindringlich warne. Dadurch gibt man die Verantwortung für die eigenen Noten ab und beraubt sich der Chance aus seinen Fehlern zu lernen, da man der Meinung ist, nicht schuld gewesen zu sein bzw. keinen Einfluss auf die Noten gehabt zu haben. Erfolgreiche Studenten übernehmen die Verantwortung für ihre Fehler und lernen daraus.

Zu viel des Guten

Im Sommer 2014 saß ich mit einem Freund und Lernpartner in einem Lernraum in Aachen und rechnete Aufgaben für Strömungsmechanik. Es war warm und stickig und wir waren beide müde von dem doch nicht ganz so vitalen Mensaessen. Ich hatte in diesem Semester nicht besonders viele Klausuren auf dem Plan und hatte es mir deshalb zum Ziel gemacht, sehr gute Noten zu schreiben. Eigentlich war alles völlig normal und nicht anders als an den Tagen oder Klausurenphasen davor, bis ich auf einmal ein Fiepen und das Gefühl von Druck auf meinem linken Ohr bekam. Erst habe ich mir nichts dabei gedacht und versucht den Druck auszugleichen und Kaugummi gekaut. Als der Druck und das Fiepen nach ein paar Minuten nicht weggingen, fand ich das schon etwas merkwürdig und bin eine Runde um den Block spaziert, was nicht half. Ich fühlte mich unwohl, weil ich nicht wusste, warum ich auf einmal Fiepen und Druck auf dem linken Ohr hatte und die Klausur passend dazu am Folgetag geschrieben wurde. Als es nach dem Spaziergang immer noch nicht weg war, bin ich nach Hause und habe mich eine Stunde auf die Couch gelegt, was auch nicht geholfen hatte. Das Fiepen und der unangenehme Druck waren weiterhin da, was auch dazu führte, dass ich auf dem linken Ohr nicht gut hörte. Ich rief bei einem Hals-Nasen-Ohren Arzt an und beschrieb meine Symptome, worauf hin ich glücklicherweise spontan vorbeikommen konnte. Nach einem Gespräch und einem Hörtest kam dann die Diagnose: ein leichter Hörsturz. Laut dem HNO war die einzige logische Ursache dafür Stress. Ich konnte das überhaupt nicht verstehen oder glauben, da ich kein besonders anstrengendes Semester gehabt hatte und mich auch nicht sonderlich gestresst fühlte. Ich hatte in den letzten Tagen weder Schlafprobleme noch Kopfschmerzen oder andere Symptome, die auf zu viel Stress hinweisen könnten. Leider gibt es für einen Hörsturz, auch wenn es nur ein leichter war, keine Therapie. Mir blieb also nur übrig wieder nach Hause zu fahren und mich auszuruhen, was ich auch getan habe. Das Fiepen und der Druck blieben noch ein paar Tage. Die Klausur am Folgetag habe ich trotzdem geschrieben und war auch mit der Note zufrieden.

Was ich daraus gelernt habe, ist besser auf mich achtzugeben und auch wenn die Situation objektiv nicht besonders stressig scheint, in mich hinein zu horchen. Tolle Noten, ein kurzes Studium und super Praktika sind nichts Wert, sobald man seine Gesundheit dafür riskiert. Für mich war es damals zu viel des Guten, auch wenn ich es persönlich nicht so empfunden habe. Man muss das richtige Maß finden, zwischen sich selbst pushen, hart arbeiten, ans Limit gehen und Erholung. Stress an sich ist nicht direkt etwas Negatives. Stress kann uns helfen, effizienter und effektiver zu arbeiten und ist auch unausweichlich. Genauso steht man nicht sofort vor dem Burnout, sobald man mal ein bisschen Stress hat. Häufig behaupten Leute sie sind extrem gestresst, nur weil ihr Terminkalender voll ist oder sie dies und das noch erledigen müssen. Wirklicher Stress lässt sich aber nicht aus Terminen oder Stunden Arbeitszeit pro Tag berechnen, sondern kann nur für jeden individuell bestimmt werden. Das einzige Mittel, um ein gutes Mittelmaß zwischen Stress und Erholung zu finden, ist auf seinen eigenen Körper zu hören. Seit meinem kleinen Vorfall habe ich mich mehr mit der Thematik beschäftigt, höre besser auf meinen Körper und glaube, meine

Belastungsgrenze genauer kennengelernt zu haben. Ich bin kein Arzt oder Psychologe, empfehle dir aber, dich mit dem Thema Stressmanagement mal auseinanderzusetzen. Da du dieses Buch gekauft hast und bis hierhin gelesen hast, gehe ich davon aus, dass du gewisse Leistungsansprüche an dich selbst hast und zu der Art Mensch gehörst, die auch mal an ihr persönliches Limit gehen. Ich finde das klasse und möchte dich nur ermutigen so weiter zu machen, aber achte auf deine Gesundheit! Nimm dir hin und wieder etwas Zeit und hör mal in dich hinein. Egal was du anstrebst oder warum du dein Studium erfolgreich hinter dich bringen willst, ohne Gesundheit hat das keinen Wert.

Zwischenfazit

Damit die wichtigsten Punkte noch mal hervorgehoben werden, möchte ich dir ein Zwischenfazit geben. Jedes beschriebene Kapitel wird hier auf ein paar prägnante Sätze eingedampft. Auch möchte ich konkrete Handlungsempfehlungen, die du beim Lesen eventuell vorerst zur Seite geschoben hast, wiederholen. Spätestens nach dem Lesen des Zwischenfazits solltest du aktiv werden und die hier beschriebenen Konzepte nicht nur lesen, sondern auch umsetzen. Nur angewandtes Wissen ist Macht.

Weshalb man Maschinenbau studieren sollte und weshalb nicht

- Bevor du dich dazu entscheidest Maschinenbau zu studieren, solltest du dir darüber im Klaren sein, ob Studieren überhaupt das richtige für dich ist. Gründe wie Geld, Prestige oder Sicherheit haben in der heutigen Zeit keine entscheidende Bedeutung mehr. Es gibt unglaublich viele Beispiele, wo Menschen auch ohne ein Studium Wundervolles erreicht haben. *Ja, aber durchschnittlich verdienen Akademiker ja schon mehr*...Mag sein...aber möchtest du durchschnittlich sein? Möchtest du zum Mittelmaß gehören? Ich glaube nicht, sonst hättest du dir dieses Buch nicht gekauft.

- Eigenschaften, die darauf hinweisen, dass der Maschinenbau das Richtige für dich ist sind
  - Begeisterung für Technik
  - Spaß am Lösen von komplexen Problemen
  - "Begabung" für Naturwissenschaften
  - Neugier (Wie funktioniert das?)
- Gründe, die alleine nicht ausreichen, um Maschinenbau zu studieren
  - Man bekomme einen "sicheren Job"
  - Ingenieure verdienen "viel" Geld

Das Studium zu schätzen wissen

- Ein erfolgreiches Studium bedeutet Freiheit. Die Freiheit wählen zu können, wo du arbeitest und dadurch viel Zeit deines Lebens verbringst. Alternativ musst du den Job nehmen, für den du eine Zusage bekommst, ohne die Freiheit zu wählen zu haben.
- Nicht nur der erste Job, sondern deine gesamte Karriere werden stark durch deine Leistung im Studium beeinflusst.
- Ein erfolgreiches Studium bedeutet mehr als nur gute Noten. Nutze Zusatzangebote.
- Nutz die Freiheiten des Studentenlebens und genieß die Hochschulatmosphäre.

Selbstorganisation

- Organisier dich gut und sei immer auf dem Laufenden. Informationen können dich vor schwerwiegenden Fehlern bewahren und dir wesentliche Vorteile verschaffen.
- Technische Hilfsmittel wie Laptops oder Tablets sind cool, aber nicht unbedingt dafür geeignet, um in Vorlesungen und Übungen mitzuarbeiten. Finde für dich selbst heraus was am besten

funktioniert und lass dich nicht von stylischen Apple-Club-Mate-Hipstern beeinflussen, wenn du mit Stift und Papier hervorragend zurechtkommst.

- Fang an dich neben dem Studium weiterzubilden. Ließ dazu nicht nur Bücher, die direkt mit deinem Studium zu tun haben, sondern auch Bücher, die auf anderen Wegen wesentlich zu einer erfolgreichen Karriere beitragen.
- Leg dir ein Organisationssystem zu, das dir dabei hilft deine Termine und ToDos im Griff zu behalten und die Erledigung von ToDos im besten Falle sogar noch fördert. Gute Organisation ist nicht nur im Studium ein wichtiger Baustein für Erfolg.

Lerngruppen

- Durch Lerngruppen wird nicht nur das Verstehen des Stoffes beschleunigt, sondern auch der Spaß beim Lernen erhöht. Sogar Maschinenbauer müssen ab und zu sozial interagieren. Das Vorrecht auf soziale Abschottung haben darüber hinaus die Informatiker eh schon gebucht.
- Nutze den positiven Gruppendruck, der in einer Lerngruppe entsteht, um regelmäßig mit den anderen zu lernen und dich nicht durch zahlreiche Aktivitäten vom Lernen ablenken zu lassen.
- Sei dir bewusst, dass eine Lerngruppe immer aus unterschiedlichen Charakteren besteht und diese Unterschiede sehr nützlich sein können. Finde heraus, wer was besonders gut kann und nutze diese Eigenschaft. Erwarte nicht von den Anderen, dass sie sich genauso verhalten wie du. Das wäre erstens sehr langweilig und zweitens geht dadurch ein großer Vorteil von Lerngruppen, der Synergieeffekt, verloren.
- Deine Lernpartner müssen nicht deine besten Freunde sein, aber eine gewisse Grundharmonie muss zwischen euch bestehen.
- Achte auf die Größe deiner Lerngruppe. Drei Personen sind fast zu wenig, um die Vorteile einer Lerngruppe zu nutzen, wobei acht

Personen den Rahmen sprengen und konzentriertes Lernen erschweren. Ich rate zu einer Gruppengröße von vier bis sechs Personen.

- Partner für Lerngruppen kannst du entweder direkt in den Veranstaltungen bzw. in deinem Umfeld finden oder du suchst in sozialen Medien und Foren nach Mitstreitern.
- Lerngruppen lohnen sich nicht für alle Fächer. Müssen schwierige Rechnung durchgeführt und komplexe Systeme verstanden werden, machen Lerngruppen Sinn. Geht es hauptsächlich um Faktenwissen und Auswendiglernen schlage ich vor, alleine zu lernen.

Wenn es mal nicht so klappt wie geplant

- Jeder macht Fehler, aber wie wir damit umgehen macht den Unterschied. Hast du etwas in den Sand gesetzt, plane sorgfältig, wie du nun weiter vorgehst. Es ist sehr ungeschickt nicht bestandene Fächer ohne Sinn und Verstand in das nächste Semester zu drücken. Pass dich den geänderten Umständen agil an und halte nicht an alten Plänen fest.
- Lerne aus deinen Fehlern. Analysiere was du falsch gemacht hast und warum es zu dem Vorfall gekommen ist. Dann leitest du daraus ab, wie du beim nächsten Mal vorgehst. Die alte Strategie ist bewiesenermaßen nicht die richtige. Such dir eine neue und bessere Strategie, um den Fehler zu nutzen und beim nächsten Anlauf besser abzuschließen, als du es dir beim ersten Versuch erträumt hättest.

Zu viel des Guten

- Ein erfolgreicher Studienabschluss ist ein nobles Ziel, das viel Arbeit verlang und wahrscheinlich auch viel Stress erzeugt. Egal warum du dein Studium herausragend abschließend möchtest, es ist es nicht wert, dafür deine Gesundheit zu riskieren. Informier dich über Stressmanagement und finde deinen eigenen Weg in stressigen

Phasen zur Ruhe zu kommen. Hör auf deinen Körper und nimm dir hin und wieder Zeit in dich hinein zu horchen.

VORLESUNGSPHASE

In diesem Kapitel erkläre ich, wie man die Vorlesungsphase, also die Zeit während des Semesters, in der Vorlesungen gehalten werden, effektiv und effizient nutzt. Es geht darum, dir ein System aufzubauen, mithilfe dessen du es schaffst, in der Vorlesungsphase den Grundstein zu legen, um Klausuren mit exzellenten Noten zu bestehen, ohne jeden Tag nur am Schreibtisch oder in der Uni zu sitzen. Um das zu erreichen, musst du sowohl effektiv, als auch effizient arbeiten. Effektiv bedeutet das Richtige zu tun und effizient bedeutet es richtig zu tun. Nur wenn du das Richtige tust und das Richtige richtig tust, schaffst du es deine Fächer erfolgreich abzuschließen, ohne den Löwenanteil deiner Freizeit zu opfern.

Ich unterscheide klar zwischen der Vorlesungsphase und der Klausurenphase, die im nachfolgenden Kapitel besprochen wird. Die beiden Phasen unterscheiden sich deutlich in ihren Zielen und deshalb auch in den Verhaltensweisen, die zu erbringen sind. Weiter ähnelt die Klausurenphase eher einem Schlusssprint, der nicht über ein gesamtes Semester durchgehalten werden soll und kann, wohingegen es sich bei der Vorlesungsphase um einen Marathon handelt, der konstante solide Leistung über einen längeren Zeitraum erfordert.

Semester Planen

Vor oder direkt zu Beginn eines jeden Semesters solltest du dich einige Minuten hinsetzten und das kommende Semester planen. In der ein oder anderen Art und Weise macht das natürlich jeder, aber nicht jeder nimmt sich wirklich Zeit zur Planung, sondern plant mal eben so zwischendurch oder lässt das Semester auf sich zukommen. Wer Höchstleistung bringen will, tut jedoch gut daran, das kommende Semester aktiv zu planen. Dabei sind ein paar Grundregeln zu beachten. Manche mögen dir trivial erscheinen, andere wiederum nicht.

Als erstes bietet es sich an festzulegen, welche Fächer du dieses Semester abschließen willst. Für die Auswahl der Fächer gibt es mehrere Kriterien, die ich etwas näher erläutern möchte. Vor allem solltest du dich natürlich an das Curriculum der Hochschule halten. In den meisten Fällen hat es gute Gründe, warum die Hochschule vorschlägt, dieses und jenes Fach an dieser oder jener Stelle zu absolvieren. Es gibt jedoch genug Fälle, in denen der Weg des klassischen Lehrplans verlassen werden muss, weil man beispielsweise eine Klausur in den Sand gesetzt hat, krank oder im Urlaub war oder man im Studium etwas weiter fortgeschritten ist und mehrere Fächer frei wählen kann. Bei der Zusammenstellung deines Semesters solltest du dir erst einmal darüber im Klaren sein, was du erreichen möchtest. Wie viele Creditpoints möchtest du schreiben? Musst du gewisse Fächer schreiben, die eventuell Zulassungsbedingung für Veranstaltungen des nächsten Semesters sind? Sind die Rahmenbedingungen klar, solltest du dir Fächer auswählen, die vom Schwierigkeitsgrad und dem zeitlichen Abstand zwischen den Klausuren oder Abgabeterminen mit deiner persönlichen Belastbarkeit harmonieren. Wenn du dir vornimmst, 40 Creditpoints zu absolvieren und dann Fächer wählst, die allesamt schwierig sind und die Klausuren auch noch sehr nah aneinander liegen, ist das vielleicht nicht die beste Taktik. Auch ist zu beachten, dass die Anzahl an Creditpoints, die ein Fach einbringt, nicht immer direkt proportional zum Aufwand für das Fach ist. Du solltest dir also Fächer wählen, die in die von dir festgelegten Rahmenbedingungen passen und vom Aufwand und dem Prüfungstermin realistisch zu deiner Belastbarkeit passen. Es gibt auch noch andere Gründe, die deine Fächerwahl beeinflussen können. Beispielsweise ob du für bestimmte Fächer bereits gute Lernpartner hast oder ein Fach dich besonders interessiert. Die Wahl der Fächer hängt jedoch nicht nur von den Fächern selbst ab, sondern wird auch von den Aktivitäten bestimmt, mit denen du neben deinem Studium Zeit verbringst. Auch für diese Nebenaktivitäten bietet es sich an, zu Beginn des Semesters einen Plan zu entwerfen.

Nebenaktivitäten können zum Beispiel Leistungssport, Zertifikatskurse, Fremdsprachen, Nebenjobs, Vereinsarbeit oder ein eigenes Projekt sein, die zusätzlich zum Studium ein gewisses Maß an Engagement verlangen. Ich persönlich bin der Überzeugung, dass solche Nebenaktivitäten von besonderer Wichtigkeit sind. Gerade diese Nebenaktivitäten haben mir die besten Möglichkeiten eröffnet. Dazu jedoch später mehr. Hier geht es darum, diese Nebenaktivitäten für das kommende Semester mit einzuplanen. Es ist sehr löblich, wenn du dir vornimmst 40 Creditpoints zu schreiben, aber du wirst mit recht hoher Wahrscheinlichkeit keine besonders guten Noten erreichen, wenn du nebenbei noch eine Fremdsprache lernst, zwei Zertifikatskurse besuchst, einen 20h Job hast, dich aktiv in einem Verein beteiligst und dazu noch ein eigenes Projekt bearbeitest, welches du voranbringen willst. Deine Ziele im Studium müssen also mit deinen Nebenaktivitäten abgestimmt werden. Das heißt jedoch weder, dass du neben dem Studium nichts machen sollst, um mit Lichtgeschwindigkeit und top Noten nach 9 Semestern den Master in der Tasche zu haben, noch heißt es, dass du dir neben dem Studium möglichst viel vornehmen sollst und es schon nicht so schlimm sein wird, wenn du eben erst nach 18 Semestern fertig bist. Wie fast immer ist das gesunde Mittelmaß der richtige Weg und das gesunde Mittelmaß ist individuell. Du musst für dich selber festlegen, wie viel von deiner begrenzten Zeit und Energie du ins Studium und in Nebenaktivitäten investieren möchtest. Wichtig ist nur, dass du deine Ziele für die beiden Bereiche aufeinander abstimmst. Du kannst dies machen, indem du auf ein zusätzliches Blatt alles aufschreibst, was du neben dem Semester vorhast. Anschließend bewertest du unabhängig voneinander, wie aufwendig deine Ziele im und neben dem Studium sind. Sind die Ziele für sich genommen schon sehr sportlich, empfiehlt es sich Abstriche zu machen, um nicht Gefahr zu laufen, keins der Ziele zu erreichen. Nachdem du die Ziele einzeln bewertet hast, musst du für dich persönlich objektiv überlegen, ob du es schaffst, all die Ziele neben und im Studium dieses Semester zu erreichen. Ist dies nicht der Fall, werden die Ziele nach deinem persönlichen Gusto angepasst. Ich kann dir hier leider kein goldenes Rezept an die Hand geben, wie du dein Semester exakt zu planen hast, aber ich hoffe, die Botschaft ist klar geworden. Sowohl die

Fächer, als auch die Nebenaktivitäten eines Semesters müssen sorgfältig geplant werden und sind gemeinsam zu betrachten, um ein machbares Gesamtpaket zu erzeugen.

Semesterplan erstellen

Hast du das kommende Semester geplant, solltest du dir wie damals in der Schule eine Art Stunden- oder eher Semesterplan erstellen. Dazu macht es Sinn, erst mal alle Univeranstaltungen in einen Stundenplan zu übertragen. An fast allen Universitäten ist dies automatisiert online möglich. Stell dir einen Stundenplan zusammen, der alle Veranstaltungen enthält, auch wenn du mit hoher Wahrscheinlichkeit nicht alle davon besuchen wirst. Wie du deinen Stundenplan zusammenstellst ist dir überlassen. Manche mögen es von Montag bis Donnerstag täglich 12 Stunden in der Uni zu sein und dafür Freitag freizuhaben, andere entspannen die Woche lieber und gehen auch freitags in die Uni. Natürlich hat man nicht immer die Wahl, aber teilweise werden Alternativtermine angeboten, die einem eine gewisse Freiheit bei der Planung lassen. Sind alle Univeranstaltungen eingetragen, werden alle fest terminierten Nebentätigkeiten hinzugefügt. Häufig funktioniert dies auch über die Onlinetools der Hochschule, wobei ich mir den Stundenplan immer ausgedruckt und dann alles Weitere händisch eingetragen habe. Fest terminierte Nebentätigkeiten sind beispielsweise Arbeitszeiten, die festgelegt sind oder wöchentliche Vereinstreffen. Dadurch wird der Stundenplan zu einem Semesterplan. Hast du Uni-Veranstaltungen und feste Nebenaktivitäten eingetragen, gibt es üblicherweise Lücken innerhalb des Plans.

Für die einen sind diese Lücken eher nervig und werden mit Facebook, Kaffee trinken, Zocken oder Rumsitzen überbrückt, für die erfolgreichen sind sie eine willkommene Gelegenheit um Lernsprints einzulegen oder andere Dinge, wie Einkaufen oder Putzen, zu erledigen. Schau dir an, wie viel Zeit du in diesen Lücken hast und wo du dich zu dieser Zeit befindest. Bist du auf dem Campus und du hast 90 Minuten Zeit, wohnst aber 30 Minuten von der Uni entfern, macht es wenig Sinn sich vorzunehmen, in dieser Lücke immer einkaufen zu gehen. Es ist aber durchaus klug diese Lücke zu nutzen, um sich ein ruhiges Plätzchen und einen Kaffee zu suchen, um eine Stunde zu lernen. Wenn du Lücken mit Lerneinheiten auffüllst, ist es sinnvoll bestimmten Lücken ein festes Fach zuzuordnen. Dadurch vermeidest du die Gefahr die richtigen Unterlagen nicht dabei zu haben oder Zeit zu verschwenden, weil du dich nicht entscheiden kannst, was du lernen sollst. Sind die Lücken kleiner als 30 Minuten, macht es keinen Sinn sich etwas vorzunehmen. In diesem Fall ist die Zeit am besten genutzt, wenn du dich entspannst und ein bisschen ausruhst. Um deinen Semesterplan also zu vervollständigen, musst du die Lücken, die sich zwischen Univeranstaltungen und Nebenaktivitäten ergeben haben, nutzen, um zu Lernen oder Erledigungen zu machen. Spätestens jetzt macht es wahrscheinlich Sinn, den Semesterplan zu drucken und die Lücken händisch zu füllen. Ich hatte anfangs empfohlen alle Veranstaltungen vorerst in den Semesterplan zu übernehmen, obwohl du wahrscheinlich nicht 100% der Veranstaltungen besuchen wirst. Wie bereits erwähnt, solltest du zumindest zu den ersten Terminen jeder Veranstaltung gehen, um die organisatorischen Dinge mitzubekommen. Merkst du dann, dass deine Anwesenheit wenig bis gar keinen Sinn macht, solltest du die Veranstaltung aus deinem Semesterplan streichen und diese Lücke ebenfalls füllen. Dein Semesterplan kann sich also im Verlauf der Zeit ändern und Anpassungen erfordern. Wie du entscheiden kannst, bei welchen Veranstaltungen es sich lohnt anwesend zu sein, werde ich später näher erklären.

Wenn du noch meine Ausführungen zum Wochenplan im Hinterkopf hast, fragst du dich eventuell, warum du jetzt auch noch einen Semesterplan erstellen sollst, der wöchentlich ist oder wie diese beiden Pläne zusammenhängen. Faire Frage. Der Semesterplan ist eine Hilfestellung für den Wochenplan. Du musst keinen Semesterplan erstellen, aber es spart dir viel Zeit und Nerven ihn zu erstellen und beim Füllen des Wochenplans zu nutzen, anstatt jede Woche aufs Neue zu schauen, welche Veranstaltungen du an welchem Tag besuchst und was du in der Zeit zwischen diesen Veranstaltungen machst. Der Semesterplan verleiht dir eine Struktur, die enorm dabei hilft, organisiert zu bleiben und deinen Wochenplan zu erstellen. Er ist ein grober Rahmen dafür, wie deine Woche innerhalb des Semesters gestaltet ist. Da der Semesterplan jedoch keine Aufgaben aus deiner ToDo-Liste oder andere Termine wie Arztbesuche oder Geburtstage enthält, eignet er sich nicht als Organisationstool außerhalb der Universität.

Lernstrategien festlegen

Von der groben Planung des Semesters zur Planung der einzelnen Fächer werden wir nun immer detaillierter. Jedes Fach ist anders. Die Klausur ist anders aufgebaut, die Lehre anders strukturiert, es gibt unterschiedlich viel Material und der Schwierigkeitsgrad schwank zwischen vielen Fächern stärker als eine von Elektrotechnikern geplante Brücke im Himalaja. Daher empfiehlt es sich, für jedes Fach eine individuelle Strategie festzulegen. Eine Strategie ist eine Ziel-Weg-Beschreibung, also ein Plan, durch welche Schritte ein bestimmtes Ziel erreicht werden soll. So eine Ziel-Weg-Beschreibung solltest du für jedes Fach erstellen und das zu Beginn des Semesters. Diese Strategie bildet dann den Fahrplan, an den du dich hältst, um die von dir definierten Ziele zu erreichen. Häufig habe ich mich, mit der Intention für ein Fach zu lernen, hingesetzt, wusste aber nicht so wirklich, was ich jetzt genau lernen sollte, bzw. was der beste Weg war, um mit minimalem Aufwand maximale Ergebnisse zu erzielen. Als ich dann anfing mir für jedes Fach eine Strategie zu definieren, hat sich dieses Problem in Luft aufgelöst. Habe ich mich zum Lernen hingesetzt, war mir aber nicht sicher, was ich tun sollte, habe ich mir meine Strategie für das Fach angeschaut sowie den darin enthaltenen Plan und wusste wieder genau was zu tun war. Eine Strategie spart dir eine Menge Prokrastinationszeit und ist ein wichtiger Schritt, um hervorragende Noten zu erreichen, die für ein wirklich erfolgreiches Studium benötigt werden.

Um eine Lernstrategie festzulegen, nimmst du dir am besten ein DIN-A4-Blatt und schreibst den Namen des Faches als Überschrift auf das Blatt. Als nächstes nimmst du dir ein Schmierblatt und sammelst alle Informationen, die du über das Fach bekommen kannst. Um eine gute Strategie zu bestimmen, brauchst du Informationen! Fragen, die du beantworten solltest, sind:

- Aus wie vielen Themenblöcken, Vorlesungen, Übungen und Tutorien besteht das Fach?
- Wie schwierig ist die Klausur?
- Was für Material steht mir zu Verfügung? Beispielsweise Skripte, Übungsaufgaben, Altklausuren oder Zusammenfassungen.
- Gibt es von anderen Studenten oder dem Dozenten empfohlene Lernstrategien?
- Wie viele Tage bleiben mir vor der Klausur zum Lernen insgesamt und wie viele Tage davon kann ich mich ausschließlich mit diesem Fach beschäftigen?

All diese Informationen schreibst du vorerst auf das Schmierblatt. Quellen für diese Informationen sind die Website des Lehrstuhls, Infomaterial des Lehrstuhls, Foren, andere Studenten oder das Planungsportal deiner Hochschule. Hast du alle Informationen ermittelt, die du bekommen konntest, solltest du bereits einen ganz guten Überblick über das Fach haben und bereit sein, um das Strategieblatt zu erstellen.

Unter die Überschrift schreibst du das Ziel, welches du in dem speziellen Fach hast. Beispielsweise *„Bestehen der Klausur mit mindestens 1,7"*. Unter dem Ziel skizzierst du die Struktur des Faches. Also wie viele Themenblöcke, in wie vielen Vorlesungen, Übungen und Tutorien behandelt werden. Anschließend listest du sämtliche Materialien auf, die dir für das Lernen des Faches zur Verfügung stehen. Damit hast du die Rahmenbedingungen für deine Lernstrategie definiert. Jetzt geht es darum, mit diesen Rahmbedingungen eine Strategie festzulegen. Hast du in Foren Beiträge von anderen Studenten gefunden, die berichtet haben, wie sie für das Fach gelernt haben, kannst du dich daran orientieren. Ansonsten musst du ohne Hilfe eine Strategie definieren. In der Strategie muss festgehalten werden, wie du innerhalb des Semesters und in der Klausurenphase für das Fach lernst. Eine Strategie, die ich häufig angewendet habe, ist im Semester Vorlesung und Übung zu verfolgen und die einfachen Übungsaufgaben für jedes Thema zu bearbeiten. In der Klausurenphase habe ich dann die einfachen Übungsaufgaben erneut durchgerechnet, um wieder in die einzelnen Themen reinzukommen, dann die schwierigen Aufgaben gelöst und abschließend, wenn möglich und vorhanden, alle Altklausuren durchgerechnet. Du hast wahrscheinlich schon gemerkt, dass diese Strategie natürlich nur funktioniert, wenn man Übungsaufgaben und Altklausuren zur Verfügung hat. Da jedes Fach anders strukturiert ist und unterschiedliche Materialien vorhanden sind, muss man für jedes Fach eine individuelle Strategie festlegen. So wie du es für ein Fach gemacht hast, solltest du nun für alle Fächer, die du dieses Semester belegst, vorgehen. Übersicht verschaffen, Material sammeln, Ziel setzen und Strategie festlegen. Die Blätter mit den Strategien kannst du dann in einem Hefter aufbewahren und dich immer wieder an ihnen orientieren, wenn du mal nicht weißt, was du genau lernen sollst. Wichtig ist aber auch, dass du bereit bist, deine Strategie anzupassen, wenn du mehr in der Materie des Faches drin bist und merkst, dass es Sinn macht anders vorzugehen.

Veranstaltungen besuchen

„Ich gehe nicht mehr zur Vorlesung, das bringt mir eh nichts. Wenn ich in der Zeit alleine lerne, verstehe ich den Stoff viel besser und bekomme mehr geschafft". Wie oft hast du das schon gedacht oder gehört? Ich habe diesen Satz selber schon oft gedacht und noch öfter gehört. Es mag auch häufig stimmen, aber nur unter der Prämisse, dass die 90 Minuten der Vorlesung auch wirklich zu 90 Minuten Lernen werden und nicht zu 15 Minuten Lernen, 10 Minuten Kaffee trinken, 30 Minuten Fifa spielen und 35 Minuten Labern. Es ist eine gefährliche Falle, nicht mehr zu Veranstaltungen zu gehen, weil man alleine effektiver wäre, die Zeit dann aber tatsächlich nicht mit Lernen verbringt. Eine 90-minütige Vorlesung, von der ich nur ein Drittel verstanden

habe, bringen mir immer noch mehr als 0 Minuten Lernen. Aber wann lohnt es sich wirklich Univeranstaltungen zu besuchen und wann lässt man es besser sein?

Grundsätzlich gibt es aus der Sicht eines Studenten nur zwei Gründe, weshalb Veranstaltungen, wie Vorlesungen oder Tutorien, besucht werden sollten, außer es handelt sich um Pflichtveranstaltungen. Der erste Grund ist, weil die Veranstaltungen einem Fachkompetenzen vermitteln, mithilfe derer die zugehörige Klausur bestanden werden kann. Der zweite Grund ist Interesse. Es gibt durchaus Dozenten, die, unabhängig vom Thema, eine Veranstaltung sehr interessant gestalten, sodass es sich alleine aus Interesse lohnt, diese Veranstaltung zu besuchen. Bestenfalls fallen beide Gründe natürlich zusammen. Die Veranstaltung bringt einen fachlich weiter und ist interessant. In der Realität ist diese Kombination aber leider nicht so häufig zu finden. Du solltest deine Entscheidung, ob du eine Veranstaltung weiter besuchst, von diesen beiden Punkten und einem weiteren abhängig machen. Der weitere Punkt lautet: Kann ich während der Veranstaltung wichtige Hinweise oder Tipps für die Klausur aufschnappen? Ich hatte innerhalb meines Studiums mehrere Vorlesungen, die ich weder besucht habe, weil ich sie interessant gefunden habe, noch weil sie mich fachlich weitergebracht haben, sondern rein aus dem Grund, dass es hin und wieder wichtige Hinweise für die Klausur gab. Wie bereits erwähnt, solltest du vorerst zu jeder Veranstaltung gehen und erst aussortieren, sobald du dir einen Überblick über die drei genannten Punkte verschaffen konntest. Finde heraus, ob die Veranstaltung dich fachlich weiterbringt, interessant ist und/oder es Tipps für die Klausur gibt. Kannst du alles bejahen, gehst du natürlich weiter hin. Ist nichts davon der Fall, streichst du die Termine aus deinem Kalender. Bist du dir mit der Entscheidung nicht sicher, solltest du dir überlegen, was du in der gewonnenen Zeit tun würdest, falls du die Veranstaltung nicht weiter besuchst. Das hängt natürlich davon ab, in welchem Zeitraum sich die Veranstaltung befindet und wo der Hörsaal liegt. Du hast sicher schon tausende Male gehört, dass es unterschiedliche Lerntypen gibt und jeder daher unterschiedlich viel aus Veranstaltungen mitnimmt. Daher ist es auch immer eine individuelle Entscheidung, ob sich der Besuch einer Veranstaltung für einen persönlich lohnt. Die drei Punkte und die abschließende Frage, was du mit der gewonnenen Zeit anstellen kannst, bieten eine sehr gute Hilfestellung, um diese Entscheidung mit gutem Gewissen zu fällen. Ich schreibe nicht umsonst „mit gutem Gewissen", denn gerade zu Beginn des Studiums, habe ich mich oft irgendwie unwohl gefühlt, wenn ich Veranstaltungen nicht besucht habe. Ich hatte dann oft das Gefühl etwas zu verpassen oder nicht mitzukommen. Wenn du die genannten Punkte für Veranstaltungen, bei denen du daran zweifelst, dass deine Anwesenheit sinnvoll ist, berücksichtigst und die Entscheidung unabhängig von Meinungen von Kommilitonen fällst, kannst du ruhigen Gewissens schlafen. Je weiter man im Studium fortschreitet, desto einfacher wird es, diese Entscheidung zu treffen, da man auf eine größere Erfahrungsbasis zurückgreifen kann und dadurch schneller merkt, ob der Besuch einer Veranstaltung nützlich ist oder nicht.

Wenn man mal in eine x-beliebige Vorlesung reinschaut, fällt einem auf, dass alle Studenten ein anderes Verhalten an den Tag legen. Einige sitzen zurückgelehnt in den Reihen und gucken auf ihr Handy, andere schreiben sich ab und zu etwas mit Kugelschreiber in einen Block und wiederum andere Tippen wie verrückt auf ihren Laptops oder Tablets rum. Es gibt viele Möglichkeiten einer Veranstaltung zu folgen und noch viel mehr Meinungen, welche davon die beste ist. Wie immer gibt es keinen goldenen Weg, sondern es kommt eben drauf an. Es kommt auf die Art und Weise der Veranstaltung sowie auf deine persönliche Vorliebe an. Es ist nicht sinnvoll jedes Wort des Dozenten auf einem MacBook Air für 234.340,99€ abzutippen und es ist auch nicht ratsam zurückgelehnt 90 Minuten auf sein Smartphone zu starren. Ich habe mein ganzes Studium eine sehr simple Taktik angewendet und bin immer nur mit Stift und Papier ausgerüstet in Veranstaltungen gewesen. Dadurch kannst du sowohl komplizierte Rechnungen und Skizzen mitschreiben, als auch Notizen und Seitenvermerke aufschreiben. Im Maschinenbaustudium geht es hauptsächlich darum, Rechnungen und Diagramme mitzuschreiben oder sich Hinweise zu Folien oder Seiten im Skript zu notieren. Dafür sind ein Stift und ein Block völlig ausreichend. Wenn Veranstaltungen sehr folienlastig sind und du dir viele Notizen machst, kann es sehr angenehm sein, sich die Folien vorher auszudrucken und die Notizen direkt auf die passenden Folien zu schreiben. Ich möchte damit niemandem ans Bein pinkeln und behaupte auch nicht, mit Tablets oder Laptops mitzuschreiben ist weniger sinnvoll, für mich hat es sich lediglich nicht bewährt. Am besten probierst du unterschiedliche Strategien aus, um herauszufinden, welche für dich die Richtige ist. Dabei gibt es zwei Bewertungskriterien, anhand derer du dich für oder gegen eine der Methoden entscheiden solltest. Das erste Kriterium ist deine Fähigkeit, der Veranstaltung während des Notierens weiter zu folgen. Es bringt nichts, wenn du alles wie ein Roboter mitschreibst, aber nichts verstehst. Das andere Kriterium ist die Nützlichkeit deiner Mitschriften im Nachhinein. Zehn Seiten Mitschriften in fünf verschiedenen Farben auf parfümiertem Biopapier sind schön anzusehen, aber wenig hilfreich, wenn du sie danach zum Lernen nicht verwendest. Probiere verschiedene Methoden aus und beobachte, wie gut du dich während des Mitschreibens auf den Dozenten konzentrieren kannst und wie hilfreich deine Notizen für das Wiederholen des Stoffes sind.

Mindestens genauso wichtig, wie die Frage, wie man etwas mitschreibt, ist die Frage, was man mitschreibt. Eine Abschrift jeder Silbe, die aus dem Sprechorgan des Dozenten gekommen ist, ist für die Klausurvorbereitung ebenso wenig hilfreich, wie ein leeres Blatt. Grundsätzlich gilt, dass du nichts mitschreiben solltest, was du in schriftlicher Form zur Verfügung gestellt bekommst. Es macht keinen Sinn Lösungen von Aufgaben mitzuschreiben, wenn diese auf der Plattform deiner Universität zum Download bereitstehen. Mitschreiben solltest du alles, was dir zum Verständnis des Stoffes hilft, nicht im Skript, auf den Folien oder Aufgabensammlungen steht und für die Klausur wichtig ist. Um es so praxisbezogen wie möglich zu beschreiben: Du solltest in der Veranstaltung sitzen, zuhören und dabei bereit sein, dir für den aktuellen Punkt der Diskussion Notizen zu machen. Du musst also aufmerksam zuhören, um immer zu wissen worum es geht, und wo in der Thematik ihr euch gerade befindet. Fällt dir dann etwas auf oder wird etwas gesagt, was für das Verständnis des Stoffes hilfreich ist (das können auch simple Eselsbrücken sein), notierst du es. Genauso machst du es mit Dingen, die nicht im Skript oder Ähnlichem zu finden sind und mit Hinweisen für die Klausur. Du befindest dich sozusagen in einer konzentrierten Lauerhaltung, immer bereit Notizen zu machen.

Ich habe es zwar schon erwähnt, möchte aber noch mal aufgreifen, wie wichtig es ist, nicht nur fachliche Informationen wahrzunehmen. Professoren und Dozenten sind auch nur Menschen. Wie jeder andere Mensch finden sie es schön, wenn ihnen zugehört wird und man sich für das, was sie erzählen, interessiert. Dementsprechend freut es Dozenten natürlich, wenn ihre Veranstaltungen von so vielen Studenten wie möglich besucht werden. Gerade in recht theoretischen Fächern, in denen keine Anwesenheitspflicht herrscht, dezimiert sich die Zuhörerschaft nicht selten auf einen wirklich kleinen Kreis. Häufig möchten Dozenten die Studenten, welche regelmäßig zur Vorlesung gekommen sind, in irgendeiner Art und Weise belohnen. Die einfachste und gleichzeitig effektivste Methode um das zu tun, ist Tipps für die Klausur zu geben. Genau für diese Tipps musst du hochsensibel werden! Manche Dozenten geben Tipps offensichtlich in dem sie Dinge sagen wie *„Achtung! Diese Folie ist besonders klausurrelevant"*. Andere geben eher versteckte Hinweise und lassen Bemerkungen wie *„Es ist mir wichtig, dass sie das verstehen"* fallen, um zu symbolisieren, dass das vorliegende Thema besonders klausurrelevant ist. Achte beim Zuhören also ganz genau darauf, ob es irgendwelche Hinweise gibt, welche Themen für die Klausur besonders wichtig sein könnten. Ich habe mir in vielen Klausuren ins Fäustchen gelacht, weil tatsächlich Inhalte abgefragt wurden, die eher nebensächlich erschienen, der Dozent aber durch die Blume zu verstehen gegeben hatte, dass er sie gerne in Klausuren prüft. Oft habe ich dann im Nachhinein von Kommilitonen gehört, wie unfair es doch sei, so etwas abzufragen. Da keiner Klugscheißer mag, habe ich mich davor gehütet zu sagen, dass das doch klar war, weil es dann und dann in der Vorlesung so und so gesagt wurde, aber ein kleines Schmunzeln konnte ich mir nicht verkneifen. Achte beim Mitschreiben also nicht nur auf das Fachliche, sondern auch auf Hinweise und Tipps für die Klausur.

Ein letzter Tipp zum Besuchen von Veranstaltungen. Genieß es! Es kann eine Menge Spaß machen mit Freunden in einem Hörsaal zu sitzen, einen Kaffee zu trinken, zuzuhören und dabei schlauer zu werden. Es klingt verrückt, aber manchmal kann in einer Universität eine fast magische Stimmung entstehen. Eines Tages hatte ich ein Blockseminar, Technik der Luftfahrtantriebe, welches von einem Aufsichtsratsmitglied eines großen deutschen Luftfahrtunternehmens gehalten wurde, der eine Gastprofessur an der RWTH Aachen hatte. Normalerweise saßen wir in einem sterilen Seminarraum, der an diesem Tag jedoch anderweitig belegt wurde, weshalb wir in die Bibliothek des Instituts für Strahlantriebe und Turbomaschinen ausweichen mussten. Wir saßen also in einer Bibliothek, umgeben von alten Büchern, hörten einer Koryphäe der Luftfahrtantriebe zu und konnten dabei durch eine große Fensterfront in die Maschinenhalle gucken, in der mehrere Triebwerke standen. Da geht einem als echten Maschinenbauer das Herz auf.

Lernen in der Vorlesungsphase

Zum Schluss dieses Kapitels möchte ich noch mal auf das Lernen in der Vorlesungsphase eingehen. Wie beschrieben, ist es hilfreich, das Semester in Vorlesungs- und Klausurenphase einzuteilen und in den unterschiedlichen Phasen auf eine andere Art und Weise zu lernen. In der Vorlesungszeit geht es nicht darum, in jedem Fach ein Experte zu werden und zu jedem Thema bereits Aufgaben auf Klausurniveau problemlos lösen zu können. Es geht darum, die Grundkonzepte zu verstehen, Standardaufgaben lösen zu können, einen guten Überblick zu gewinnen und die Klausurenphase vorzubereiten. Zu Beginn des Studiums habe ich mir rückblickend viel zu viele Sorgen und Stress gemacht, weil ich Themen im Semester nicht so schnell nacharbeiten konnte, dass ich Klausuraufgaben hätte lösen können. Mach nicht den gleichen Fehler. In der Vorlesungszeit sollst du den Grundstein legen, der dann in der Klausurenphase aufgegriffen und vollendet wird. Wie gut du dich in der Vorlesungsphase vorbereiten musst, hängt natürlich auch von deiner Universität und ihrem System ab. Je weniger Zeit du nach der Vorlesungsphase hast, um für die Klausuren zu lernen, desto besser musst du dich während der Vorlesungsphase vorbereiten.

In der Vorlesungsphase musst du das Lernen aktiv einplanen. Immer dann zu lernen, wenn du mal eben Zeit hast, funktioniert nicht. Du brauchst einen konkreten Plan und feste Zeiten, ansonsten ist immer Irgendetwas gerade doch wichtiger als zu lernen. Die Quittung dafür gibt es dann in der Klausur. Wir haben zwei Möglichkeiten besprochen, wie du das Lernen aktiv einplanst. Die erste Möglichkeit ist das Einplanen von Lernzeit in deinem Semesterplan. Hier legst du, angepasst an deinen Unistundenplan, wöchentliche Zeiten fest, an denen du lernst. Die andere Möglichkeit ist das Einplanen von Lernzeit in deinem Wochenplan, der jede Woche aufs Neue erstellt wird. Merkst du beim Planen der Woche, dass du an manchen Tagen, zusätzlich zu den bereits fest eingeplanten Lernzeiten aus dem Semesterplan, noch Zeit zum Lernen hast, kannst du auch hier noch Lernzeit aktiv einplanen. Hast du eine Lerngruppe, solltet ihr euch auf feste Zeiten einigen und einen regelmäßigen Rhythmus verfolgen. So wird das Lernen zu einem festen Bestandteil jeder Woche. Du lernst systematisch und kontinuierlich, was erforderlich ist, um im Maschinenbaustudium langfristig gute Noten zu erreichen, damit du dein Studium wirklich erfolgreich abschließen kannst.

Gegen Ende der Vorlesungsphase solltest du deinen Blick in die Zukunft richten und die Klausurenphase nicht nur fachlich, sondern auch organisatorisch vorbereiten. Es gibt wenig Nervigeres, als in der Klausurenphase, wenn einem der Kopf wirklich woanders steht und man jede Minute gebrauchen kann, irgendwelche Termine wahrnehmen zu müssen, die man auch vorher hätte erledigen können. Schaufel dir deinen Kalender vor den Klausuren also frei, um dich voll und ganz auf das Lernen und Entspannen konzentrieren zu können. Ja Entspannen, denn auch das ist jeden Tag nach dem Lernen wichtig, aber dazu später mehr. Schau in deinen Kalender, ob du bereits Termine hast, die du umlegen kannst und überlege, welche Termine demnächst anstehen könnten, die du bereits jetzt abarbeiten kannst. Das könnte ein Zahnarzttermin, ein Gang zum Amt oder ein Friseurtermin sein. Nutze die Vorlesungsphase zur Vorbereitung, damit du die Klausurenphase optimal nutzen kannst, denn in der Klausurenphase bist du froh um jeden Termin, den du neben dem Lernen nicht wahrnehmen musst.

Zwischenfazit

Wie im Kapitel zuvor, gibt es auch am Ende dieses Kapitels wieder ein Zwischenfazit, um die wichtigsten Punkte zusammenzufassen. Ich empfehle, alles, was du nach dem Lesen direkt umsetzten kannst, auch wirklich zu tun. Du hast Geld für dieses Buch ausgegeben und möchtest dementsprechend auch einen Mehrwert haben. Diesen Mehrwert bekommst du aber leider nicht durch das reine Lesen, sondern erst durch das Anwenden.

Semester planen

- Wer sein Studium erfolgreich abschließen möchte, sollte sich vor jedem Semester etwas Zeit nehmen, um das Semester aktiv zu planen.
- Setze dir Ziele, die du dieses Semester erreichen willst. Achte darauf, dir nicht nur Ziele bezüglich der Uni zu setzten, sondern auch bezüglich deiner Nebentätigkeiten.
- Bei der Wahl der Fächer, die du dieses Semester belegen möchtest, ist zu beachten:
    - der Schwierigkeitsgrad,
    - der zeitliche Abstand der Klausuren,
    - deine persönliche Belastbarkeit und
    - die vorhandene Belastung durch deine Nebentätigkeiten.

Semesterplan erstellen

- Erstell dir zu Beginn des Semesters einen Semesterplan, der dir hilft gut organisiert zu bleiben. Dieser beinhaltet Univeranstaltungen, feste Termine für Nebenaktivitäten und feste Lernzeiten.
- Der Semesterplan muss während des Semesters angepasst werden, sobald sich Termine ändern oder du dich dazu entschieden hast, manche Veranstaltungen nicht weiter zu besuchen.

Lernstrategien festlegen

- Erstelle dir für jedes Fach eine Lernstrategie. Dadurch weißt du immer was zu tun ist und behältst einen guten Überblick. Da jedes Fach unterschiedlich ist, unterscheiden sich auch die Lernstrategien.
- Das Erstellen von Lernstrategien beinhaltet die vier Phasen Übersicht verschaffen, Material sammeln, Ziel definieren und Strategie festlegen.
- Falls du im Verlaufe des Semesters weitere Informationen oder Materialien bekommst, solltest du deine Strategie anpassen.

Veranstaltungen besuchen

- Hüte dich davor, Veranstaltungen nicht zu besuchen, weil du den Stoff alleine besser aufarbeiten könntest, dies dann aber tatsächlich gar nicht tust. Eine nur halb verstandene Vorlesung bringt dir mehr als eine überhaupt nicht nachgearbeitete Vorlesung.
- Zu Beginn des Semesters solltest du zu jeder Veranstaltung gehen, um alle organisatorischen Dinge mitzubekommen.
- Bei der Entscheidung, ob du eine Veranstaltung weiter besuchst, solltest du die folgenden Punkte abwägen:
    - Fachwissen, das vermittelt wird
    - Interesse an dem Fach
    - Tipps und Hinweise für die Klausur, die gegeben werden
    - Wie kann die gewonnene Zeit anderweitig genutzt werden
- Probiere verschiedene Arten des Mitschreibens aus und bewerte sie daran, wie gut du dich während des Mitschreibens noch auf den Dozenten konzentrieren kannst und wie hilfreich deine Notizen beim Nacharbeiten des Stoffes schlussendlich waren.
- Schreib nichts mit, was bereits im Skript oder Ähnlichem steht. Mitschreiben solltest du Dinge, die dir beim Verständnis helfen,

Lösungen etc. die nicht veröffentlicht werden und Hinweise für die Klausur.

- Achte beim Zuhören genau darauf, ob der Dozent Hinweise, auf für die Klausur besonders relevante Themen gibt. Diese Hinweise können teilweise auch indirekt sein, werden dir beim späteren Lernen aber enorm helfen.
- Genieß es Veranstaltungen zu besuchen!

Lernen in der Vorlesungsphase

- In der Vorlesungsphase geht es nicht darum, schon alles auf Klausurniveau zu können, sondern den Grundstock an Wissen und Fähigkeiten anzulegen, der in der Klausurenphase perfektioniert wird.
- Plane das Lernen aktiv mit ein, sodass du jede Woche feste Lernzeiten hast. Die *„Ich lerne immer dann, wenn ich Zeit habe"* Mentalität funktioniert nämlich noch schlechter als sie klingt.
- Schaufel dir die Klausurenphase terminlich frei, indem du anstehende Termine bereits in der Vorlesungsphase erledigst.

KLAUSURENPHASE

Natürlich endet die Reise nicht nach der Vorlesungsphase. Der Schlusssprint, an manchen Unis auch eher der Schlussmarathon, steht noch bevor. Wie im Kapitel zuvor, möchte ich in diesem Kapitel die wichtigsten Punkte in der Klausurenphase aufgreifen und dir konkrete Handlungsvorschläge machen. Es wird darum gehen, die Klausurenphase an sich und auch die Fächer richtig vorzubereiten, sich eine Routine zu schaffen, mit der man systematisch seine Ziele erreicht, die eigene Leistungsfähigkeit zu optimieren und sich am großen Tag, dem Tag der Klausur, so zu verhalten, dass man die Leistung auch auf die Straße bringen kann und den Sieg nach Hause fährt.

Die richtige Vorbereitung

Wir hatten schon besprochen, dass es wichtig ist, die Klausurenphase vorzubereiten und dass du Termine, die du bereits frühzeitig abarbeiten kannst, aus der Klausurenphase rausziehst. Die terminliche Vorbereitung und damit den Freiraum zum Lernen solltest du dir also schon geschaffen haben. Ähnlich wie in der Vorlesungsphase, solltest du dir auch in der Klausurenphase einen Plan erstellen. Ja...es tut mir leid, ich bin einfach ein riesen Fan von Plänen. In diesem Plan legst du für die gesamte Klausurenphase fest, was an welchem Tag zu tun ist. Damit sind keine konkreten Details gemeint, sondern eine Übersicht, wann du welches Fach lernst, wann die Klausuren sind und an welchen Tagen du nicht lernst, weil beispielsweise deine Omi Geburtstag hat. Du gliederst die Klausurenphase dadurch quasi in einzelne Abschnitte. Hier ein kleines Beispiel

- 12.1. – 20.1.: Höhe Mathematik 2 und Mechanik 2
- 21.1. – 26.1.: Höhere Mathematik 2
- 27.1.: Höhere Mathematik 2 Klausur
- 28.1. – 5.2.: Mechanik 2
- 6.2.: Mechanik 2 Klausur

Der Plan hilft dir die Übersicht zu behalten und strukturiert zu lernen. So musst du dir während des Lernens keine Gedanken darüber machen, wann du welches Fach am besten lernst. Diese Frage beantwortet dir dein Plan. Damit kannst du deine gesamte Energie auf das Lernen fokussieren und musst nicht unnötig Gehirnkapazität verschwenden. Ich habe mir dazu einen Kalender mit Monatsblättern besorgt und die Tage in unterschiedlichen Farben, die für verschiedene Fächer standen, markiert.

An dieser Stelle habe ich das Gefühl mich bei dir entschuldigen zu müssen, da wir uns so viel mit Planung beschäftigen, aber ich beschreibe in diesem Buch eben keine Lernmethoden, die Funktionsweise des Gehirns oder verrückte Wege, wie man das System der Uni austricksen kann. Das haben genug Leute vor mir getan, von denen du eine Vielzahl durch eine einfache Suche im Internet findest. Ich beschreibe in diesem Buch, wie du mit der richtigen Planung und Umsetzung systematisch zu einem erfolgreichen Studienabschluss gelangst, ohne hochbegabt oder kriminell zu sein.

Von der groben Planung, an welchem Tag welches Fach zu lernen ist, gehen wir jetzt weiter ins Detail, denn auch die Vorbereitung auf die einzelnen Klausuren will geplant sein. Wenn du die Ratschläge des vorherigen Kapitels umgesetzt hast, solltest du zu Beginn der Klausurenphase für jedes Fach das vorhandene Material vorliegen, eine Übersicht über den zu lernenden Stoff und die Grundlagen bereits verstanden haben. Auf Basis dessen kannst du dir jetzt für jedes Fach einen Lernplan erstellen. Dieser Lernplan kann sehr detailliert sein, sodass du dir jeden Tag bestimmte Ziele setzt, wie „Aufgabe 12.1 bis 12.9 rechnen“ oder „Thema XXX zusammenfassen und Karteikarten schreiben“. Der Vorteil dieser Detaillierung ist, dass du jeden Tag weißt, wie gut du in der Zeit liegst und du genau siehst, was du bis zum Tag der Klausur geschafft bekommst. Dein Lernplan kann aber auch freier gestaltet werden, indem du einfach festlegst, was du in welcher Reihenfolge bearbeiten willst, ohne konkrete Aufgaben für einzelne Tage festzulegen. Wichtig ist, dass du einen Plan hast, der zeigt, was zu tun ist, um die Klausur mit dem angepeilten Ergebnis zu bestehen. Es darf auf keinen Fall passieren, dass du unstrukturiert mal dies mal das lernst, zum Schluss manche Themen nicht gelernt hast, andere nur oberflächlich kannst und nur eins besonders gut beherrschst. Der Maschinenbau ist nicht wie die Philosophie, hier gibt es ganz klare Grenzen zwischen Richtig und Falsch und genau das ermöglicht es dir, durch diszipliniertes und strukturiertes Lernen, fabelhafte Noten zu schreiben. Natürlich kann es immer mal vorkommen, dass ein Professor eine Midlife-Crisis hat und eine Klausur stellt, die einfach zu wenig mit dem behandelten Stoff zu tun hat oder so ausgelegt ist, dass gute Noten nicht erreicht werden sollen, aber das ist eher die Seltenheit. Du solltest genau diese Eigenschaft, dass es im Maschinenbau klare Grenzen zwischen richtigen und falschen Lösungen gibt, nutzen und dich anpassen, indem du dir für jedes Fach einen Lernplan erstellst, der dir zumindest vorgibt, wie und was du bis zum Tag der Klausuren lernen sollst. Wenn du das nämlich getan hast und der Plan gut ist, wirst du auch dafür belohnt werden.

Ich persönlich habe es immer von den Fächern abhängig gemacht, wie ich meinen Lernplan gestaltet habe und kann deshalb auch keine klare Präferenz angeben, wie detailliert ein perfekter Lernplan zu gestalten ist. Gab es beispielsweise einen klaren Aufgabenkatalog und eine fixe Anzahl an Altklausuren, die ich zur Vorbereitung durchgerechnet haben wollte, habe ich jedem einzelnen Tag Aufgaben zugeordnet. So konnte ich sichergehen, dass ich bis zur Klausur alles geschafft bekomme. War die Art und Weise, wie ich mich auf die Klausur vorbereiten wollte etwas schwammiger, habe ich auch den Lernplan abstrakter gestaltet. Ging es in Fächern wie Industrielle Montagesysteme beispielsweise eher darum, auswendig zu lernen und Zusammenhänge zu verstehen, habe ich in meinem Lernplan festgelegt, dass ich alle Themen nacheinander durcharbeite. Dazu habe ich in diesem Fach zuerst die Vorlesungsfolien eines Themas durchgearbeitet, dann die entsprechende Übung wiederholt und anschließend Karteikarten geschrieben. Dieses Vorgehen wurde für jedes Thema wiederholt und abschließend alle Karteikarten zusammen intensiv auswendig gelernt. Ich habe nicht explizit festgelegt, an welchen Tagen ich welche Themen behandle, sondern nur die Struktur festgelegt, wie ich für das Fach lerne. Manche Themen sind deutlich umfangreicher als andere und benötigen daher auch mehr Zeit. In solchen Fällen macht es schlicht und ergreifend keinen Sinn, alles bis auf die letzte Minute durchzuplanen.

Routine schaffen

Die Klausurenphase ist im Maschinenbau eine ganz besondere Zeit während des Studiums, in der die Uhren anders zu ticken scheinen. In Aachen ist das aufgrund der schieren Masse an Studenten sehr stark zu spüren. Die Lernräume füllen sich, die Partys leeren sich und plötzlich hat keiner mehr Zeit, sich mittwochs abends auf ein Bierchen zu treffen. Das kollektive Stresslevel steigt und Ärzte schreiben pro Tag wahrscheinlich mehr Atteste als sonst in einem ganzen Monat. In dieser Phase, in der Kopf, Körper und Geist zu Höchstleistungen auffahren sollen, ist es von unvorstellbarem Wert, eine Routine zu haben, die einen leistungsfähig, motiviert und gesund hält. Genau so eine Routine solltest du dir zulegen, um als Gewinner aus deinen Klausurenphasen hervorzugehen und auf direktem Weg Richtung erfolgreichem Abschluss zu fliegen. Es geht darum, sich einen Tagesablauf zu gestalten, der dich bei der Erreichung deiner Ziele maximal fördert und nicht das Gegenteil bewirkt. Damit du ein besseres Verständnis dafür bekommst, was ich meine, hier mal ein Beispiel, wie ich die Tage in den letzten Klausurenphasen meines Studiums gestaltet habe.

In der Regel bin um 6 Uhr aufgestanden, habe mir einen Kaffee gemacht und circa für fünf Minuten ein paar Lockerungsübungen gemacht, um wach und warm zu werden. In der Zeit erreichte mein Kaffee Schlürftemperatur und ich fing an 30 Minuten lang zu lesen. Dabei lese ich nichts für die Uni, sondern Bücher, die mich meinen generellen Zielen im Leben näherbringen (dazu später mehr). Nach dem Lesen frühstücke ich ein ausgewogenes und gesundes Müsli und mache mich fertig. Das Haus habe ich immer gegen 7:30 verlassen und war dann um 7:45 im Lernraum. Dann ging es los mit der Lernerei bis zur ersten Kaffeepause um ca. 9:30. Nach der Kaffeepause startete der nächste Lernsprint bis 11:45. Mittagspause bis 12:45 und dann weiter im Text bis ca. 14:30 für die nächste Pause. In dieser Nachmittagspause hatte ich meistens keine Lust mehr auf Kaffee und habe einen Eistee oder anderes getrunken und eventuell was kleines gesnackt. Danach ging es in den Schlusssprint bis 16:00. Um 16 Uhr war in der Regel Ende und ich bin nach Hause gegangen. Wenn mir danach war, habe ich dann für 30 Minuten ein Nickerchen gemacht. Den Rest meines Tages habe ich mit Sport, Freunde treffen, Erholung, Einkaufen, Putzen und sonstigen Aktivitäten, die man mehr oder weniger gerne mach, gefüllt. In harten Fällen habe ich abends noch mal einen kleinen 60-minütigen Lernsprint eingeschoben, um beispielsweise Karteikarten zu lernen. So ging die Routine von montags bis freitags. Samstags habe ich meist etwas länger geschlafen und dann zu Hause gelernt, um mal etwas Abwechslung rein zu bringen. Wenn möglich habe ich mir den Sonntag freigehalten. Das Wochenende habe ich meistens als Puffer genutzt. Wenn ich gut in der Zeit war, habe ich Samstag nur den halben Tag gelernt und Sonntag ganz freigemacht. War der Druck sehr groß, habe ich mich auch samstags und sonntags in den Lernraum geschleppt.

Dieses Beispiel soll dich nicht abschrecken und du musst auch nicht jeden Tag um 6 aufstehen, um dein Studium erfolgreich abzuschließen. Viele Wege führen nach Rom und hoffentlich findest du eine viel bessere Routine als ich, oder eine, die eben besser zu dir persönlich passt. Die Message hinter dem Beispiel ist, wie eine wöchentliche Routine aussehen kann, mit der du die Klausurenphasen optimal nutzt. Ich werde jetzt nicht genauer darauf eingehen, von wann bis wann du was tun sollst, sondern wichtige Punkte aufzeigen, die bei der Festlegung einer Routine und damit grundsätzlich in der Klausurenphase wichtig sind.

Du brauchst genug Schlaf. Genug Schlaf ist die Grundbedingung dafür, dass unserer Körper (inklusive Gehirn) optimal funktioniert. Ich bin kein Schlafwissenschaftler, aber aus eigener Erfahrung weiß ich, dass zu wenig

Schlaf müde macht. Außerdem lässt die Konzentrationsfähigkeit nach, die grundsätzliche Stimmung sink und man ist einfach nicht so belastbar, wie im ausgeschlafenen Zustand. Diese Belastbarkeit brauchen wir in der Klausurenphase aber. Ausgeschlafener Zustand heißt nicht, dass du dir keinen Wecker stellen sollst, sondern darauf achten solltest, genug Schlaf zu bekommen. Was für dich genug Schlaf bedeutet, kannst nur du selber herausfinden. 4 Stunden sind definitiv zu wenig und 10 definitiv zu viel. Ich schlafe in der Regel sechseinhalb bis siebeneinhalb Stunden und komme damit sehr gut klar. Wenn du über den Tag verteilt häufig müde bist, ist das ein klares Anzeichen dafür, dass du zu wenig oder zu viel schläfst. Wie gesagt, ich bin kein Schlafwissenschaftler und möchte mich hier nicht auf Glatteis bewegen. Daher der Tipp: Schlaf genug, um optimale Leistung bringen zu können.

Neben dem Schlaf spielt auch die Ernährung eine wichtige Rolle. Es ist natürlich klar, dass du auf Fleisch, Tierprodukte, Gluten, Laktose, Zucker, Fett, Kohlenhydrate und Glyphosat verzichten musst...nicht. Aber Spaß beiseite. Was du isst und trinkst bestimmt entscheidend darüber, wie fit du bist und wie gut du dich konzentrieren kannst. Wenn ich behaupte, es ist sehr wichtig, sich in der Klausurenphase gesund zu ernähren, widersprechen mir viele. Sie führen dann an, dass sie neben dem ganzen Lernen nicht auch noch Zeit haben, sich um eine ausgewogene Ernährung zu kümmern. Ich sage, du hast keine Zeit den ganzen Tag nur Dreck zu essen, denn dadurch bist du weniger leistungsfähig und brauchst mehr Zeit zum Lernen. Wo ist denn der zeitliche Unterschied, dir morgens ein gesundes Müsli mit einem Apfel und Honig zu machen, im Vergleich dazu Nougat Bits oder ein Toastbrot mit Salami zu frühstücken? Die Minute mehr ist es definitiv Wert. Deine Ernährung ist eine Möglichkeit deine Leistungsfähigkeit zu steigern, also nutze sie auch. Stell alle äußeren Faktoren auf Erfolgskurs ein. Du brauchst keine Energydrinks, Koffeintabletten oder tafelweise Schokolade zum Lernen. Ich möchte nicht, dass du wie der absolute Alphabioveganer isst, aber achte darauf, dich gesund zu ernähren und die Ernährung in deiner Routine mit einzubauen. Ich frühstücke meistens Müsli mit Obst. In der ersten Pause um 9:30 trinke ich einen Kaffee und esse ein paar Nüsse. Zum Mittagessen geht es in die Mensa, wo ich irgendetwas Normales esse, was nicht Schnitzel, Burger, Pizza und Pommes beinhaltet. In der Nachmittagspause gibt es meistens einen Apfel und einen Kaffee, Tee oder ein kaltes Getränk. Das Abendessen ist stark davon abhängig, ob ich nach dem Lernen beim Sport war. Mal gibt es nur Brot, mal eine größere warme Mahlzeit. Du siehst, ich esse nicht wie ein Heiliger. Das Wichtigste ist, dass du regelmäßig isst und Zuckerbomben vermeidest, um nicht in ein Konzentrationsloch zu fallen. Bau eine vernünftige Ernährung mit in deine Tagesroutine ein, um die Ernährung als unterstützenden Faktor zu gewinnen. Obwohl ich mit dem Studium fertig bin und keine Klausurenphasen mehr durchstehen muss, habe ich die letzten Sätze im Präsens geschrieben. Das liegt daran, dass ich mich auch während meiner aktuellen Arbeit so ernähre, um fit, gesund und leistungsfähig zu sein.

Mindestens genauso wichtig wie genügend Schlaf und eine anständige Ernährung sind *genug und richtige Pausen.* Du hast es wahrscheinlich, wie eigentlich jeder Student, bestimmt schon tausendmal gehört, aber Pausen machen ist essenziell wichtig. Zu oft habe ich Kommilitonen gesehen, die von 8 Uhr morgens bis zu Mittagspause durchgehend vor ihren Unterlagen gesessen haben und zumindest versucht haben, ohne Pause zu lernen. Das Resultat war immer, dass sie während der Mittagspause schon ziemlich fertig waren und die Luft für den Tag eigentlich schon raus war. Genauso wie das Essen, solltest du auch die Pausen aktiv in deine Routine mit einplanen. Ich mache eine Pause vormittags, eine Mittagspause und eine Pause nachmittags. Die Vor- und Nachmittagspausen sind ca. 15 Minuten lang. Ich stehe dabei auf, verlasse meinen Platz, bewege mich und schnappe frische Luft. Ab und zu setze ich mich auch woanders hin, schließe für ein paar Minuten die Augen und versuche tief zu atmen. Klingt vielleicht merkwürdig, hilft aber ungemein dabei, deine Batterien schnell wieder aufzufüllen und deine Konzentrationsfähigkeit aufrechtzuerhalten. Die Mittagspause ist eine Stunde lang, wovon die meiste Zeit fürs Essen draufgeht. Nach dem Essen setze ich mich meistens noch ein paar Minuten hin und schließe erneut die Augen. Plane in deine Routine mindestens drei größere Pausen ein und bleib während der Pausen nicht einfach vor deinen Unterlagen sitzen. Neben diesen Makropausen ist es ebenfalls wichtig ein paar Mikropausen einzulegen. Mikropausen lassen sich super zwischen Aufgaben, Themen oder Karteikarten einsetzten und helfen dabei, das Gehirn einmal kurz durchzulüften. Leg dazu einfach deinen Stift hin, lehn dich zurück, schließ die Augen und atme ein paar Mal tief ein und aus. Nach einer Minute kann es dann mit frischem Sauerstoff im Gehirn weitergehen.

„In der Klausurenphase habe ich einfach keine Zeit Sport zu machen"...Bullshit. Du kannst es dir gar nicht leisten keinen Sport zu machen, wenn du im Studium richtig durchstarten möchtest. Natürlich musst du kein Marathonläufer oder Thaiboxchampion im Mittelgewicht werden, aber deinen Körper zu bewegen und neben deinem Gehirn auch deine Muskeln zu fordern, hat einen unglaublich positiven Effekt auf deine Leistungsfähigkeit. Auch hier gilt es das richtige Maß zu finden. Der Schlüssel zum Erfolg liegt darin, die Sporteinheiten aktiv in die Woche mit einzuplanen und sie zur Routine werden zu lassen. Für die, die sich häufig nicht aufraffen können, hilft es, hier nicht auf Joggen oder Fitnesstraining zurückzugreifen, sondern sich Sportveranstaltungen mit festen Terminen rauszusuchen. Eigentlich möchte ich aber auf das Thema nicht weiter eingehen, denn ich bin kein Sportwissenschaftler, sondern Maschinenbauer. Ich kann dir nur ein paar Dinge aus meiner Perspektive erzählen. Mir hilft es dabei zu entspannen, wenn ich nach einem anstrengenden Lerntag Sport mache und mir den Stress aus dem Körper schwitze. Häufig habe ich das Gefühl, dass mein Kopf vollkommen erschöpft ist und ich total müde bin, mein Körper aber noch überhaupt nicht ausgelastet ist. Diese Spannung merke ich sehr deutlich und sie führt bei mir zu innerem Stress und behindert mich mittel- bis langfristig auch beim Lernen. Um diese Spannung loszuwerden, bin ich in Klausurenphasen in der Regel drei- bis viermal wöchentlich zum Sport gegangen. Manchmal waren das intensive Trainingseinheiten, manchmal aber auch nur 45 Minuten lockeres Traben auf dem Laufband. Sport kann sich aber auch negativ auswirken, wenn man es übertreibt. Während des dritten und vierten Semesters hatte ich eine ziemliche Fitnessphase, in der ich fünfmal die Woche ins Gym gerannt bin und mich bei der Ernährung wie ein Verrückter gegeißelt habe. In der Klausurenphase hat das dann dazu geführt, dass ich einfach überlastet war, mich den ganzen Tag müde gefühlt habe und mich nicht gut konzentrieren konnte. Im Nachhinein glaube ich, dass die Kombination aus schwerer körperlicher und geistiger Belastung

einfach zu viel war. In diesem Fall hat der Sport nicht zur Entspannung, sondern eher zum Gegenteil geführt. Mein Appell an dich ist, Sport zumindest während der Klausurenphase in deine Routine mit aufzunehmen und ihn als unterstützenden Faktor für ein erfolgreiches Studium zu betrachten.

Genauso wichtig wie konzentrierte Lernphasen, sind auch Erholungsphasen. Du solltest dich hin und wieder dazu zwingen, dich aktiv zu erholen. Damit meine ich nicht, abends Netflix einzuschalten oder am Wochenende feiern zu gehen, sondern dir Zeit für dich zu nehmen und den Kopf mal wirklich freizubekommen. Für mich funktioniert das sehr gut durch Spazierengehen mit Musik. Im Winter ist das zwar nicht so angenehm wie im Sommer, mit richtiger Kleidung aber auch kein Problem. Andere Tätigkeiten, bei denen ich persönlich besonders gut den Kopf freikriege, sind Motorradfahren und Modellfliegen. Der Trick dabei ist, dass man sich auf die Straße bzw. das Flugzeug konzentrieren muss und gar nicht an die nächsten Klausuren oder andere Dinge denken kann. Wobei du persönlich am besten den Kopf freibekommst, weißt du selber. Für aktive Erholung bieten sich besonders Tage an, an denen du eine Klausur schreibst. Nach der Klausur solltest du nicht direkt weiterlernen, sondern erst mal abschalten, um am nächsten Tag wieder Vollgas geben zu können. Da du nach der Klausur meist noch schön viel Zeit vom Tag übrig hast, kann man sich hier wunderschön vornehmen, die Seele baumeln zu lassen und neue Kraft zu tanken. Mach aktive Erholungsphasen ebenfalls zur Routine, um nicht schon nach der halben Klausurenphase mit leeren Akkus dazustehen.

Wie du beim Lesen meiner persönlichen Routine vielleicht gemerkt hast, bin ich zum Lernen in der Klausurenphase immer in einen Lernraum gegangen. Das habe ich so ziemlich von Beginn des Studiums so gemacht und auch mit meinen Lerngruppen war ich immer in Lernräumen. Das Thema Lernraum passt zwar nicht perfekt in das Kapitel „Routine schaffen“, aber ich halte es trotzdem für sinnvoll, es hier zu erwähnen. Für mich haben Lernräume ein paar entscheidende Vorteile. Der Größte davon ist wohl, dass man sich nicht von Kleinigkeiten ablenken lässt. Vielleicht hast du schon selber gemerkt, dass man zu Hause lauter Kleinigkeiten wie Putzen, Wäsche machen, E-Mails ı oder anderes findet, die einen super vom Lernen ablenken können. Im Lernraum sind die Ablenkungen drastisch reduziert. Weiter herrscht dort eine besondere Atmosphäre, da alle (oder zumindest die Meisten...) dort sind, um zu lernen. Ein für mich persönlich riesiger Vorteil ist, dass man dadurch vor die Tür kommt. Wenn ich den ganzen Tag zuhause gelernt habe, konnte es durchaus Tage geben, an denen ich gar nicht oder nur zum Einkaufen vor die Tür gekommen bin. An solchen Tagen fällt mir die Decke auf den Kopf und ich fühle mich unwohl. Das Lernen im Lernraum fühlt sich dagegen wie ein Arbeitstag an. Man verlässt morgens das Haus und kommt nachmittags wieder. In den meisten Fällen ist das Lernen für den Tag abgeschlossen, sobald man die Wohnungstür durchschreitet, was mir dabei hilft, im Kopf einen Schalter umzulegen und abzuschalten. Ob es für dich Sinn macht, einen Lernraum aufzusuchen, hängt davon ab, wie fokussiert und zufrieden du zu Hause lernen kannst. Ich konnte es nicht und hab mir durch Lernräume Abhilfe verschaffen. Ich kenne aber auch genug Leute, die lieber zu Hause lernen und damit sehr erfolgreich sind. Am besten probierst du beides aus und findest heraus, was für dich am besten funktioniert.

Der schönste Lernraum, das beste Essen und auch eine perfekte Routine helfen wenig, wenn man einfach absolut keinen Bock hat und unmotiviert ist. Das kann durchaus mal vorkommen und passiert wohl jedem irgendwann. Um solche Durststrecken zu überwinden, habe ich zwei Tipps für dich. Manchen mögen die folgenden beiden Tipps dämlich erscheinen, aber frei nach dem Motto der Medizin *„wer heilt, hat recht"*, haben sie mir geholfen und helfen mit Sicherheit auch anderen, Motivationslöcher zu überwinden. Wenn du demotiviert bist, solltest du dir die Frage stellen, warum du das alles machst und dir diese Frage selber direkt beantworten. Am besten in schriftlicher Form. Schreib also die Frage *„Warum mache ich das alles hier eigentlich?"* auf, überlege ein bisschen und schreibe anschließend die Antwort daneben. Ich habe das häufig morgens, bevor ich angefangen habe zu lernen gemacht und dadurch einen regelrechten Motivationsschub erhalten. Meine persönliche Antwort auf diese Frage lautet: *„Weil ich den Stoff verstehen möchte, gute Noten schreiben will und mein Studium erfolgreich abschließen will, um ein exzellenter Ingenieur zu* *werden. Ich möchte nach dem Studium die Wahl zwischen verschiedenen Jobs haben, die mir Spaß machen und gut bezahlt sind. Deshalb muss ich beim Lernen Gas geben und gut Noten erreichen, um einen top Abschluss zu erhalten."* Die Formulierung änderte sich von Mal zu Mal, aber der Kern dahinter blieb gleich. Durch das tatsächliche Aufschreiben und Lesen meines persönlichen Warums, habe ich wieder den Sinn hinter der Lernerei gesehen und meine Motivation ist gestiegen. Die zweite Möglichkeit, die ich angewendet habe um meine Motivation zu erhöhen, ist das hören von Motivationsansprachen auf dem Weg in den Lernraum. Auf YouTube gibt es Tausende wirklich gute Motivationsvideos, teilweise sogar welche, die sich explizit auf das Studieren beziehen. Wenn ich morgens das Haus verlassen habe, hörte ich mir bis in den Lernraum so ein Video an und habe mich dabei von den Ansprachen in dem Video motivieren lassen. Das ist natürlich nur eine kurzfristige Motivation, die nicht auf den Sinn der Sache eingeht, wie die zuvor beschriebene Methodik, aber es hilft, um morgens einen Motivationsschub zu bekommen und den Tag voll motiviert zu beginnen. Such auf YouTube nach *„Study Motivation"* und probiere es einfach mal aus.

Zum Ende des Kapitels wiederhole ich noch mal, wie wichtig es ist, dass du dir in der Klausurenphase eine Routine zulegst, die dich unterstützt, deine Ziele zu erreichen. Dabei ist auf viele Dinge wie Schlaf, Ernährung, Sport und Pausen zu achten, die dir eventuell als nicht so wichtig erscheinen. Das sind sie aber. Die Dinge können entweder für dich oder gegen dich arbeiten. Du kannst den ganzen Tag nur Fastfood in dich reinfressen oder die Ernährung als Werkzeug nutzen, um dein Ziel effizienter zu erreichen und dich vernünftig ernähren. Du kannst deinen Sport vernachlässigen und dich nach dem Lernen auf die Couch setzen und Netflix gucken oder Sport nutzen, um den Kopf freizubekommen, Spannungen abzubauen und dadurch nachts besser zu schlafen und am nächsten Tag fitter wieder Vollgas geben zu können. Es liegt an dir, ob du diese Dinge als Potenziale siehst und nutzt oder wie die Meisten, nicht aktiv auf sie achtest, um dann auch Ergebnisse zu erzielen wie die Meisten. Zu sein wie die Meisten hat allerdings ziemlich wenig bis gar nichts mit erfolgreich sein gemeinsam.

Der große Tag

Irgendwann ist es so weit und der Tag der Klausur bricht an. Wenn du bis zu diesem Tag alles richtig gemacht hast, solltest du dich darüber freuen, dass der Tag endlich gekommen ist und du die Lorbeeren für die ganze Arbeit einsammeln kannst. Es kommt eher selten vor, dass man sich perfekt vorbereitet fühlt, aber wenn du routiniert deinen Lernplan durchgearbeitet hast, solltest du selbstbewusst vor dem Hörsaal stehen, mit der Gewissheit, dass du gut vorbereitet bist. In diesem Kapitel werde ich ein paar grundsätzliche Punkte aufzeigen, die am Tag der Klausur zu beachten sind, um das Gelernte auch optimal umsetzen zu können.

Leichter gesagt als getan, aber du solltest den Tag entspannt angehen und dich nicht schon direkt nach dem Aufstehen stressen. Wenn die Klausur nicht morgens geschrieben wird, schlaf aus und mach dir einen ruhigen Morgen. Steh gemütlich auf, trink einen Kaffee und frühstücke was Leckeres. Wenn du nach dem Frühstück noch Zeit hast, solltest du Dinge tun, bei denen du deinen Kopf nicht anstrengen musst, die dich aber aktiv halten. Geh einkaufen, Putz deine Wohnung oder mach einen Spaziergang. Lenk dich ab, damit du gar nicht die Möglichkeit hast, zu viel nachzudenken und nervös zu werden. Pass aber auf, dass du es nicht übertreibst und zu intensiv Sport machst, deine Steuererklärung kontrollierst oder sonstige Tätigkeiten ausübst, die dich körperlich oder geistig belasten. Zum Zeitpunkt der Klausur solltest du 100% fit sein.

Was du auf gar keinen Fall tun solltest, ist am Tag der Klausur noch zu lernen oder noch schlimmer, kurz vor der Klausur beim Warten vor dem Hörsaal noch in deinen Unterlagen zu blättern. In jedem Buch, in dem es um Leistung im Studium geht, steht es geschrieben und trotzdem wollen es viele Studenten nicht wahrhaben und tun es immer noch. Am Tag der Klausur noch mal zu lernen ist sinnlos, ob Maschinenbau, Jura oder weniger anspruchsvolle Studiengänge wie Elektrotechnik. Du bist nervös und wirst dir sowieso nichts merken können und durch das Lernen sogar noch nervöser werden. Zusätzlich belastet dich das Lernen und reduziert deine

Leistungsfähigkeit. Wenn du deinen Lernplan durchgezogen hast und auch wenn du ihn nicht ganz perfekt abgearbeitet hast, ist es nicht nötig, am Tag der Klausur zu lernen. Es bringt einfach nichts. Wenn du es wirklich überhaupt nicht lassen kannst, kannst du mit ein paar Stunden Abstand zur Klausur deine Unterlagen noch mal überfliegen und über markierte Stellen drüber lesen, um dein Gewissen zu beruhigen. Mehr sollte es aber nicht sein.

Machen wir einen Sprung durch die Zeit, zu dem Moment wo du im Hörsaal sitzt und darauf wartest, dass die Klausuren ausgeteilt werden. In diesem Moment kannst du nichts mehr tun. Die Klausuren sind gedruckt, du sitzt im Raum und um noch mehr zu lernen, ist es jetzt zu spät. Eine Kleinigkeit bleibt dir jedoch noch. Du kannst dich zurücklehnen, für einen kurzen Moment die Augen schließen und drei tiefe Atemzüge nehmen. Versuch dabei an rein gar nichts zu denken und die Schultern hängen zu lassen. Dein Körper und dein Kopf entspannen, dein Gehirn bekommt frischen Sauerstoff und du bist so was von bereit, diese Klausur ins Jenseits zu befördern.

Während der Klausuren habe ich wenig gegessen und getrunken. Vor allem innerhalb der ersten Stunde habe ich meist nur einen kleinen Schluck Wasser zu mir genommen. Wenn die Hälfte der Zeit rum war, ein Stück Schokolade und dann ca. 20 Minuten vor Schluss noch mal Schokolade. Dadurch habe ich meine Konzentrationsfähigkeit aufrechterhalten, ohne Gefahr zu laufen, aufgrund von zu viel Zucker in ein Leistungstief zu fallen oder aufgrund von zu viel Flüssigkeit auf Toilette zu müssen. Ich rate dir davon ab, während der Klausur Kaffee oder, noch schlimmer, Energydrinks zu trinken. Das Letzte was du während dieser stressigen Zeit brauchst, ist die Kombination aus Zucker und Koffein. Dadurch wirst du nur nervöser und unkonzentrierter. Der einzige Fall, in dem es eventuell sinnvoll sein könnte auf koffeinhaltige Getränke zurückzugreifen, trifft ein, wenn du die Klausur fertig bearbeitet hast und noch ein bisschen Zeit zum Kontrollieren hast. Vor der Kontrolle, wenn dein Gehirn gefühlt nur noch aus Brei besteht, kannst du solche Getränke trinken, um das letzte bisschen Leistung raus zu holen und für die Nachkontrolle zu nutzen.

Nach der Klausur solltest du dich entspannen und Pause machen. Du warst jetzt über einen längeren Zeitraum hoch konzentriert und unter Stress, sodass dein Gehirn ausgelaugt ist. Es bringt nicht viel, sich jetzt direkt wieder an den Schreibtisch zu setzten, da deine Aufmerksamkeitsspanne wahrscheinlich der einer Fruchtfliege gleicht. Außerdem solltest du dich für die erbrachte Leistung belohnen und die Motivation für die kommenden Klausuren hochzuhalten. Ich hatte es mir mit Freunden zur Tradition gemacht, nach Klausuren Essen zu gehen. Wenn die Klausur vorbei war, haben wir uns getroffen und sind Burger, Pizza oder etwas anderes Essen gegangen, auf das man sich freuen konnte. Wenn die Klausur gut gelaufen ist, ist es eine Belohnung, wenn sie schlecht gelaufen ist, ist es eine Ablenkung. Nimm dir den restlichen Tag nach einer Klausur frei und lass die Seele baumeln. Das hilft wieder neue Energie zu sammeln, um für die folgenden Klausuren Vollgas geben zu können.

Zwischenfazit

Manchmal kommt es einem nicht so vor, aber auch die Klausurenphase endet irgendwann. An der RWTH hat man als Maschinenbauer dann im Schnitt ca. zwei gütige Wochen Urlaub, bevor die Vorlesungsphase wieder startet. Falls du woanders studierst, hoffe ich, dass du etwas mehr frei hast. Aber nicht auf jede Klausurenphase folgt eine Vorlesungsphase. Manchmal folgt darauf auch eine Abschlussarbeit. Genau um diese Abschlussarbeiten, die einen großen Teil der Endnote ausmachen, geht es im nächsten Kapitel. Zuvor aber wie gewohnt eine kurze Zusammenfassung der wichtigsten Punkte dieses Kapitels.

Die richtige Vorbereitung

- Erstell dir einen Plan, der sich über die gesamte Klausurenphase erstreckt und vorgibt, an welchen Tagen du für welches Fach lernst. So bringst du Struktur in die Klausurenphase und musst nicht jeden

Tag aufs Neue Energie damit verschwenden, dir zu überlegen, welches Fach du heute am besten lernen solltest.

- Erstell dir für jedes Fach einen Lernplan, der dir vorgibt, wie du dich auf die separaten Klausuren vorbereitest. Entweder du ordnest einzelnen Tagen konkrete Aufgaben zu oder du legst die Struktur fest, in der du dich auf die Klausur vorbereitest. So weißt du immer, was zu tun ist und kannst gut einschätzen, wie gut du bereits vorbereitet bist, bzw. weißt was noch zu tun ist.

Routine schaffen

- Leg dir eine Routine zu, die dir hilft leistungsfähig und motiviert zu bleiben. Plane dazu wie du deinen Tag verbringst, indem du festlegst wann du aufstehst, wann und wie du Pausen machst und wo du lernst. Optimalerweise bringst du auch etwas Routine in dein Ess- und Sportverhalten, um sicherzustellen, dass diese beiden Punkte nicht gegen, sondern für dich arbeiten. Achte auch darauf, dir ab und zu Erholung zu gönnen. Dabei ist es wichtig sich nicht nur mit etwas anderem als Lernen zu beschäftigen, sondern wirklich etwas zu tun, wobei du abschalten kannst.
- Probiere aus, ob du zu Hause oder in einem Lernraum besser lernen kannst. Sich auf einen Lernraum festzulegen und den Tag dort zu verbringen, kann dazu beitragen, dass dir zu Hause nicht die Decke auf den Kopf fällt und du wirklich entspannen kannst, wenn der Lerntag vorbei ist.
- Jeden verlässt nach einer gewissen Zeit die Motivation. Wenn das passiert, kannst du dir Abhilfe schaffen, indem du dir selbst die Frage beantwortest, warum du lernst und die Antwort aufschreibst. Als kurzfristige Motivation kannst du dir auch Motivationsvideos auf YouTube anschauen oder die Tonspur der Videos auf dem Weg in den Lernraum hören.

Der große Tag

- Lass den Tag der Klausur entspannt angehen. Schlaf aus und beschäftig dich vor der Klausur mit Dingen, die dich nicht anstrengen, aber eine gewisse Aktivität erfordern, wie Spazieren, Putzen oder Einkaufen.
- Lerne nicht am Tag der Klausur. Du bist kurz vor der Klausur nicht mehr aufnahmefähig und machst dich durch das Lernen nur nervöser. Wenn du es nicht mit deinem Gewissen vereinbaren kannst, gar nichts zu machen, ließ entspannt über deine Unterlagen drüber.
- Trink und iss während der Klausur nicht zu viel und achte darauf Zucker und Koffein gemäßigt einzusetzen, um deine Konzentrationsfähigkeit aufrecht zu erhalten. Zehn Stücke Schokoladen sorgen nicht für mehr Konzentration, sondern für einen kleinen Zuckerschock und danach stark nachlassende Konzentration.
- Belohn dich nach der Klausur, indem du mit Freunden essen oder ins Kino gehst oder zu Hause einen entspannten Serienabend machst. Tu was auch immer dich glücklich macht, um am nächsten Tag wieder mit neuer Energie durchstarten zu können.

ABSCHLUSSARBEITEN

Ob Hausarbeit, Projektarbeit, Bachelorarbeit, Minithesis oder Masterarbeit; Abschlussarbeiten sind immer ein besonderes Kapitel im Studium und deshalb sind sie es auch in diesem Buch. In den allermeisten Fällen geben Abschlussarbeiten einen Haufen Creditpoints, weshalb sie für gute Abschlussnoten extrem wichtig sind. Abschlussarbeiten zu schreiben ist ganz anders als für Klausuren zu lernen und erfordert andere Kompetenzen. Für einige Maschinenbauer mag eine praktische Abschlussarbeit der erste Moment im Leben sein, wo sie einen Schraubenzieher in die Hand nehmen. Weil Abschlussarbeiten andere Kompetenzen fordern als Klausuren, bieten sie eine riesen Chance, seine Endnote aufzubessern. Ich persönlich war nie ein überragender Klausurenschreiber und schon gar nicht, wenn es um richtig harte Rechnungen und Systeme ging, wie in Thermodynamik, Regelungstechnik oder numerische Mathematik, aber im Abschlussarbeiten schreiben war ich immer spitzenklasse. Im Maschinenbau an der RWTH Aachen schreibt man im Verlaufe seines Studiums drei Arbeiten. Eine Projektarbeit am Ende des Grundstudiums, die Bachelorarbeit und die Masterarbeit. Ohne mich zu sehr loben zu wollen, aber damit du verstehst, dass man auch ohne jede Klausur mit 1,0 oder 1,3 zu bestehen, einen Master mit Auszeichnung abschließen kann, sage ich dir, dass ich jede Abschlussarbeit mit 1,0 bestanden habe und dadurch meinen Notenschnitt deutlich anheben konnte. Nicht weil mir das wissenschaftliche Schreiben in die Wiege gelegt wurde oder ich mir einen Ghostwriter gekauft habe, sondern weil ich verstanden habe, was eine gute Abschlussarbeit ausmacht. Dabei werde ich im Folgenden nicht detailliert darauf eingehen, wie man wissenschaftliche Texte schreibt, sondern dir erklären, wie man ein extrem gutes Gesamtpaket abliefert. Dazu wird in den folgenden Unterkapiteln gezeigt, wie man eine gute Abschlussarbeit findet, wie man eine exzellente Abschlussarbeit abliefert, wie der häufig verlangte abschließende Vortrag zu meistern ist und was Abschlussarbeiten einem noch so für Chancen bieten. Fangen wir aber erst mal damit an, die richtige Abschlussarbeit zu finden.

Die richtige Arbeit finden

In Aachen ist es grundsätzlich so, dass wissenschaftliche Mitarbeiter an Instituten der Hochschule Abschlussarbeiten ausschreiben und man die Webseiten der Institute abklappert, wenn man eine Abschlussarbeit sucht. Dann nimmt man per E-Mail Kontakt auf und vereinbart ein Gespräch. Man ist also nicht wirklich frei in der Themenwahl, kann aber schon gut in die Richtung gehen, die einen persönlich interessiert. Aber auch wenn du an einer anderen Uni studierst und das Verfahren bei euch anders ist, du dein Thema beispielsweise frei wählen kannst, empfehle ich dir dringend dieses Kapitel zu lesen. Auch wenn man sich sein Thema selber sucht, muss man ein passendes Gesamtpaket für die Arbeit finden.

Das erste Auswahlkriterium ist natürlich das Themengebiet. Kein Fahrzeugtechniker hat Bock eine Arbeit über die Simulation von Zerspanprozessen zu schreiben (zwar mit Unrecht aber naja...). Vorerst solltest du dir also ein Themenfeld aussuchen, in dem du dir vorstellen kannst die nächsten Monate zu versinken. In diesem Themenfeld schaust du dich nun um und suchst nach Abschlussarbeiten, die dich von der Thematik her interessieren. Du wirst schnell feststellen, dass viele Abschlussarbeiten so spezielle Themen behandeln, dass du überhaupt nicht weißt, ob sie dich interessieren oder nicht. Das liegt daran, dass Abschlussarbeiten immer einen sehr spezifischen Bereich von einem spezifischen Thema behandeln. Es ist aber überhaupt nicht schlimm, wenn du nicht genau sagen kannst, welche Abschlussarbeit dich am meisten interessiert, denn das Thema ist nicht das alleinige Entscheidungskriterium. Außerdem entsteht das Interesse sehr häufig, sobald man tiefer in die Materie eintaucht. Such dir also einen Themenbereich, den du interessant findest, aber schließ nicht direkt zu viele Arbeiten aus. Wie gesagt, das Interesse kommt mit dem Wissen und der Zeit. Das Thema sollte auf keinen Fall das einzige Entscheidungskriterium sein, denn dann kannst du übel auf die Nase fallen.

Hast du ein Themengebiet festgelegt, auf das du dich konzentrieren willst und optimalerweise die Arbeiten innerhalb dieses Gebietes schon rausgesucht, musst du dir die Frage stellen, was für eine Art von Arbeit du schreiben willst. Im Maschinenbau kannst du praktische Arbeiten schreiben, in denen du Versuche durchführst und die Ergebnisse dokumentierst und auswertest. Du kannst Simulieren oder theoretische Arbeiten schreiben, in denen du Modelle und Methoden entwickelst, sowie den Stand der Technik eines Themengebietes aufarbeitest. Nichts davon ist besser als das Andere, aber alles hat seine Vor- und Nachteile. Praktische Arbeiten sind sehr anwendungsbezogen und es geht in erste Linie nicht darum, besonders viel zu schreiben. Der Vorteil ist, dass praktische Versuche sehr viel Spaß machen können und der Aufwand für die Verschriftlichung der Arbeit relativ gering ist. Der Nachteil ist die schlechte Planbarkeit des Zeitaufwandes. Bei praktischen Versuchen kann und wird immer etwas nicht so funktionieren wie geplant und das kann im Zweifelsfalls extrem viel Zeit kosten. Dagegen passiert bei theoretischen Arbeiten wenig Unvorhergesehenes und ein fest definierter Zeitplan kann mit hoher Sicherheit eingehalten werden. Der Nachteil ist jedoch, dass die Recherche und das Verschriftlichen deutlich mehr Aufwand sind und die Arbeit dadurch Gefahr läuft dich irgendwann zu langweilen. Eine simulative Arbeit liegt genau dazwischen. Bei der Simulation kann natürlich auch einiges falsch laufen, aber die Wahrscheinlichkeit, dass etwas nicht klappt und der Zeitaufwand zur Behebung von Fehlern ist im Vergleich zu praktischen Arbeiten reduziert. Natürlich fehlt auch, wie bei theoretischen Arbeiten, ein bisschen der Anwendungsbezug, denn simuliert wird am Computer, nicht in der Maschinenhalle. Weißt du, welche Art von Arbeit du schreiben möchtest oder welche Art du auf keinen Fall schreiben möchtest, kommst du deiner Abschlussarbeit schon näher. Ich persönlich hatte mich darauf festgelegt, bei meiner Projektarbeit etwas Praktisches zu machen. Als Folge dessen war meine Bachelorarbeit theoretischer Natur und meine Masterarbeit tatsächlich eine Mischung aus beidem. Hast du dir ein Themengebiet ausgesucht und die Art der Arbeit festgelegt (oder du bist offen für alle drei Arten), gibt es noch ein weiteres, extrem unterschätztes, Entscheidungskriterium für Abschlussarbeiten.

Schau dir den Betreuer der Arbeit ganz genau an. Damit meine ich nicht, ob er oder sie besonders attraktiv ist, sondern ob du dir vorstellen kannst, mit diesem Betreuer und in diesem Umfeld die nächsten Monate zu arbeiten. Durch die Wahl des Betreuers kannst du dir entweder eine Menge Steine in den Weg legen und das Schreiben der Arbeit zu einer unangenehmen Angelegenheit machen oder eine Menge Türen öffnen und die Arbeit richtig interessant werden lassen. Achte darauf, dass du mit deinem Betreuer menschlich gut klarkommst. Ihr müsst keine BFF'S werden, aber ein gutes Verhältnis ist extrem förderlich, sowohl für den Spaß beim Arbeiten als auch für die Benotung der Abschlussarbeit. Weiter habe ich die Erfahrung gemacht, dass es für den Verlauf der Arbeit förderlich ist, wenn der Betreuer ein klares Ziel vor Augen hat. Das kannst du in einem Gespräch erfragen, aber auch aus seinen Erläuterungen raushören. Es erleichtert das Arbeiten sehr, wenn dein Betreuer weiß, wo er hin will und dich nicht try and error mäßig Zeit verschwenden lässt, um dann im Nachhinein doch wieder alles über den Haufen zu werfen. Es ist kein K.O. Kriterium, aber ich empfehle ebenfalls, dich nicht von jemanden betreuen zu lassen, der das erste Mal eine Abschlussarbeit betreut. Das ist zwar etwas egoistisch, denn irgendwer muss immer der Erste sein, aber du hast sowohl inhaltlich als auch notenmäßig hohe Ansprüche an deine Abschlussarbeit und die werden grundsätzlich besser durch Betreuer erfüllt, die schon etwas Erfahrung mitbringen. Wenn du menschlich gut mit dem Betreuer klarkommst, er eine klare Zielvorstellung hat und bereits ein paar Arbeiten betreut hat, rate ich dir, die Art der Betreuung anzusprechen. Manche Betreuer lassen dir quasi bis zur Abgabe freien Lauf, was definitiv keine positive Eigenschaft ist und andere nehmen die Definition des Wortes Betreuer ernster und stehe dir mit Rat und Tat zur Seite. Der zweite Typ ist mir deutlich lieber, da eine enge Abstimmung dazu führt, dass der Inhalt der Arbeit so ist, wie der Betreuer ihn haben will, was sich zwangsläufig in der Note widerspiegelt. Schön ist es beispielsweise, wenn man einen wöchentlichen Regeltermin hat, in dem man den aktuellen Fortschritt, Probleme und Pläne besprechen kann. Das hilft extrem, um Fehler früh zu erkennen und auf der richtigen Spur zu bleiben. Achte also darauf, dass dein Betreuer und du die gleichen Vorstellungen von der tatsächlichen Betreuung der Arbeit habt.

Zusammenfassend findest du die richtige Arbeit, wenn du dir ein Themengebiet aussuchst, das dich interessiert, dich aber nicht bereits am

Anfang der Suche zu stark einschränkt. Wenn du, basierend auf deinen Bedürfnissen, festlegst, ob du eher eine praktische, theoretische oder simulative Arbeit schreiben willst und du überprüfst, ob du mit deinem Betreuer menschlich zurechtkommst und das Gefühl hast, von ihm gut betreut werden zu können.

Eine gute Arbeit abliefern

Eine gute Note gibt es nicht für eine besonders schön geschriebene Arbeit, sondern nur für ein überzeugendes Gesamtpaket. Es geht nicht nur um das Geschriebene, sondern um dein gesamtes Verhalten während der Erstellung der Arbeit. Es geht um Selbstständigkeit, Problemlösungsverhalten, Zuverlässigkeit und noch einige andere Punkte. Im Folgenden werde ich auf die wichtigsten Punkte eingehen, die du umsetzten musst, um deinen Betreuer von den Socken zu hauen und dir systematisch eine sehr gute Note zu erarbeiten.

Als aller erstes musst du dich orientieren und herausfinden, was für deinen Betreuer eine sehr gute Arbeit ausmacht. Da er dir das in den meisten Fällen nicht direkt sagen wird, solltest du nach alten Abschlussarbeiten fragen, die ihm gut gefallen haben. An diesen Arbeiten kannst du dich in mehrfacher Hinsicht orientieren. Ein riesen Vorteil ist es beispielsweise, eine alte Arbeit zu haben, an deren Format du dich orientieren kannst. Wie wird zitiert? Wie groß ist der Zeilenabstand in Aufzählungen? Wann füge ich ein Unterkapitel hinzu? All diese Fragen kannst du sehr zeiteffizient beantworten, indem du in alte Abschlussarbeiten reinschaust. Das spart dir nicht nur Zeit, sondern auch deinem Betreuer, der dankbar und positiv überrascht sein wird, dir nicht all die ganzen Standardfragen beantworten zu müssen. Wenn deine und eine alte Arbeit sich thematisch im gleichen Umfeld bewegen, ist es auch möglich sich an der Struktur der Arbeit zu orientieren. Schau dir an welche Kapitel es gibt und wie diese angeordnet sind. Weiter macht es auch Sinn, sich das Design der Arbeit anzugucken und Elemente, die dir gefallen, zu übernehmen. Das Design der alten Arbeit findet bewiesenermaßen bei deinem Betreuer Zustimmung, also macht es Sinn, sich an diesem anzulehnen und es an der ein oder anderen Stelle noch zu verfeinern. Wie du siehst, ist es extrem hilfreich eine gute Arbeit als Vorlage zu haben. Scheu dich also nicht deinen Betreuer danach zu fragen und dich an Format, Struktur und Design der Arbeit zu orientieren.

Neben dem Lesen alter Abschlussarbeiten gibt es auch noch einen anderen Weg, um herauszufinden was deinem Betreuer wichtig ist. Du kannst ihn direkt fragen. Das kannst du sowohl mündlich als auch schriftlich machen. In den allermeisten Fällen wird dein Betreuer von der Frage etwas überrascht sein, sie dir dann aber mit größtem Vergnügen beantworten, denn er hat schließlich auch viel davon, wenn du genau weißt, was er von dir erwartet. Grundsätzlich sollte eine Abschlussarbeit immer eine Win-win-Situation sein. Du schreibst eine Abschlussarbeit die dir Spaß macht und deinen Notenschnitt hochkatapultiert und dein Betreuer erhält eine gute wissenschaftliche Arbeit, die ihn in seiner Forschung vorwärtsbringt. Daher solltest du deinen Betreuer einfach fragen, was ihm bei der Arbeit sowohl inhaltlich, formal als auch von der Arbeitsweise her besonders wichtig ist. Optimal ist es, wenn du diese Frage per E-Mail stellst und eine schriftliche Antwort erhältst. Die Antwort kannst du im Verlauf der Zeit wieder und wieder lesen, um dich zurück auf die richtige Spur zu bringen, falls du mal etwas ins Schwanken geraten bist.

Wie gesagt, geht es nicht nur darum, am Ende einen schönen Text abzuliefern, sondern das Gesamtpaket muss stimmen. Eine große Bedeutung hat dabei die Art und Weise wie du arbeitest. Du musst proaktiv mitarbeiten und dir nicht alles von deinem Betreuer vorgeben lassen. Vergiss nicht, dass es deine Arbeit ist, nicht die deines Betreuers. Bring dich aktiv in die Gestaltung ein, indem du Vorschläge machst, diskutierst und dir selber Gedanken machst. Sich stur von Aufgabe zu Aufgabe zu hangeln, ohne zu hinterfragen, ist Standard und Standard gibt auch nur Standardnoten. Ob jemand aktiv mitarbeitet oder sich nur treiben lässt, erkennt man am einfachsten, wenn es ein Problem gibt. Ein normaler Abschlussarbeiter trifft auf das Problem und konfrontiert seinen Betreuer, in der Hoffnung und

Erwartung, dass er dieses löst. Ein exzellenter Abschlussarbeiter hingegen trifft auf das Problem, analysiert die Ursache, überlegt Lösungsvorschläge und konfrontiert dann seinen Betreuer mit einer Strategie, wie das Problem zu lösen ist. Wenn du mit Lösungsvorschlägen bewaffnet in Diskussionen startest, ist es etwas Positives viel Rücksprache zu halten. Erwartest du immer nur fertige Lösungen von deinem Betreuer, fällt die Rücksprache negativ auf. Arbeite mit deinem Betreuer zusammen und arbeite nicht alles alleine in deinem stillen Kämmerchen aus. Sich immer wieder abzustimmen hilft dabei, einen Output zu erzeugen, mit dem du zufrieden bist und dein Betreuer auch, damit sich das schlussendlich auch in der Note widerspiegelt. Dabei hilft beispielsweise ein wöchentlicher Regeltermin, in dem du deinen Fortschritt vorstellst, Probleme und Lösungsvorschläge lieferst und ihr anschließend diskutiert, wie es weitergeht. Wenn dein Betreuer es anbietet, ist es auch extrem hilfreich, ab und zu Zwischenstände deiner Arbeit zur Korrektur abzugeben. So kann sich dein Betreuer bereits ein Bild von dem machen, was du bisher geschrieben hast und dich auf Fehler hinweisen, die du dann frühzeitig korrigieren kannst. Außerdem erhält er so die Chance dich in eine andere Richtung zu lenken, falls dein Kurs nicht exakt dem entspricht, was er erwartet. Bei Zwischenabgaben ist unbedingt zu beachten, dass es nur um die Korrektur inhaltlicher Dinge geht. Wenn du etwas abgibst, sollte es sowohl von der Darstellung als auch von der Rechtschreibung, Grammatik und Zeichensetzung bereits durchkorrigiert sein. Es gibt wenig Peinlicheres, als einen Zwischenstand zurück zu bekommen, der voller Rechtschreibfehler ist. Es wird auch deinem Betreuer bitter aufstoßen, wenn er viel Zeit damit verbringen muss, deine Rechtschreibung zu korrigieren. Eine schlampige Ausarbeitung wirft auch ein schlechtes Licht auf den Inhalt. Korrigiere deine Texte sorgfältig und lass sie noch mal von einem Freund oder Verwandten kontrollieren, bevor du diese deinem Betreuer abgibst. Du kannst dazu die Rechtschreibüberprüfung auf duden.de nutzen. Diese Rechtschreibüberprüfung funktioniert deutlich besser als die von Microsoft Word und erkennt auch komplexere Kommasetzungsfehler. Ein weiterer Tipp ist das Vorlesen lassen deiner Texte durch online Tools. Du findest im Netz mehrere Webseiten, auf denen du dir Textabschnitte vorlesen lassen kannst. Beim Vorlesen erkennst du sofort, wenn sich irgendwo ein Tippfehler eingeschlichen hat, den du beim Lesen nicht gefunden hast.

Jede Abschlussarbeit hat ein Abgabedatum und dieses Datum ist nach der offiziellen Anmeldung der Arbeit fix. Deshalb solltest du einen Zeitplan aufstellen. Oft machen Abschlussarbeiter zu Beginn der Arbeit zu wenig oder verlieren sich in Details, sodass am Ende einige Nachtschichten anstehen, die nicht wirklich zu guten Ergebnissen führen. Um das zu verhindern, musst du dir einen Zeitplan aufstellen, wann du was geschafft haben willst. Natürlich kannst du am Anfang nicht alles perfekt abschätzen und es gibt, vor allem bei praktischen Arbeiten, immer Unsicherheiten. Deshalb musst du deinen Plan immer wieder anpassen. Je weiter du fortschreitest, desto sicherer wird dein Zeitplan. Er hilft dir dabei zu überblicken, was du bereits geschafft hast, was noch ansteht und wie viel Zeit du dafür noch hast. Ich habe dafür einen Ganttchart benutzt, weil diese Darstellung sich meiner Meinung nach hervorragend für Abschlussarbeiten eignet. Wenn du Ganttcharts nicht kennst, bitte ich dich an dieser Stelle Dr. Google zu befragen. Bring deinen Zeitplan zu jeder Besprechung mit deinem Betreuer mit. Er hat mehr Erfahrung und sollte dir sagen können, wenn du für eine Aufgabe mehr oder weniger Zeit benötigst als du eingeplant hast. Außerdem weiß dein Betreuer dadurch immer genau in was für einer Phase der Arbeit du gerade bist. Es kommt häufig vor, dass Betreuer keinen Überblick haben, wann die Arbeit eigentlich abgegeben werden muss und einfach jeden Regeltermin neue Ideen haben, die sie gerne in der Arbeit umgesetzt hätten. Liegt dein Zeitplan bei jedem Treffen sichtbar auf dem Tisch, kann er besser einschätzen, ob er dir noch neue Aufgaben gibt oder der bestehende Inhalt optimiert wird. Ein weiterer Vorteil: Wenn du den Zeitplan mit zu den Treffen nimmst, kannst du direkt mit deinem Betreuer Anpassungen vornehmen, wenn es zu Änderungen im Ablauf kommt. Ein Zeitplan ist wirklich unglaublich wichtig um die Übersicht zu behalten und nicht gegen Ende in den Panikmodus übergehen zu müssen.

Schreibst du deine Abschlussarbeit zu Hause, im Institut, auf dem Klo, im Zug oder doch im Lernraum? Wahrscheinlich eher zu Hause oder im Institut. Wie in der Klausurenphase ist es natürlich individuell, wo man sich am besten konzentrieren und schreiben kann, aber meiner Erfahrung nach solltest du so viel Zeit im Institut wie möglich verbringen. Falls das Institut Räume für Abschlussarbeiter und Hiwis anbietet, macht es Sinn, diese zu nutzen. Du zeigst Präsenz und dein Betreuer kann tatsächlich sehen, dass du viel Zeit in die Arbeit investierst. Eigentlich sollte das keinen Einfluss auf die Note haben, aber ich glaube schon, dass die Wahrnehmung deines Betreuers eine andere sein wird, wenn er dich täglich arbeiten sieht, als wenn du nur erscheinst, wenn es etwas zu besprechen gibt. Während ich meine Projektarbeit geschrieben habe, habe ich dieses Angebot nicht genutzt. Bei der Bachelor- und Masterarbeit hingegen schon. Der mit Abstand größte Vorteil, den du nicht unterschätzen solltest, ist, dass im Institut um dich herum andere Abschlussarbeiter sitzen, die dir extrem wichtige Tipps geben können. Jeder kennt es, du drückst aus Versehen irgendeine Taste und Microsoft Word zerschießt dir die komplette Formatierung deiner Arbeit. Oder du suchst eine Funktion bei Word, die du aufs Verrecken nicht findest. Solche Probleme können dich alleine ganze Stunden kosten oder eben nur wenige Minuten, wenn du jemanden Fragen kannst und er dir eine nützliche Antwort gibt, weil er das Problem selber schon hatte. Das sind nur Beispiele, aber es werden hunderte von kleinen Fragen aufkommen, bei denen du unglaublich dankbar sein wirst und eine Menge Zeit sparst, wenn du jemanden hast, den du fragen kannst. Der Kontakt zu anderen Abschlussarbeitern erleichtert dir das Leben um Einiges. Ich habe meine Abschlussarbeiten wie einen Job behandelt und bin immer von morgens bis nachmittags (na gut..., manchmal war es vielleicht eher bis abends...Definitionssache...) im Institut gewesen. Dadurch habe ich dort Mitstreiter gefunden, mit denen ich ebenfalls immer zusammen Mittagessen gegangen bin. Wir haben uns gegenseitig geholfen und viel zusammen gelacht, was das Schreiben deutlich angenehmer gestaltet hat, als alleine zu Hause am Schreibtisch zu versauern. Es ist also auch aus sozialer Sicht vorteilhaft, sich während der Abschlussarbeit nicht zu Hause einzuschließen. Natürlich musst du nicht jeden Tag im Institut verbringen. Du kannst dir auch feste Tage definieren, an denen du im Institut schreibst und an den anderen schreibst du von zu Hause aus.

Ich hatte schon beschrieben, dass eine Abschlussarbeit für dich und deinen Betreuer eine Win-win-Situation sein sollte. Er bekommt ausgearbeitete Forschungsergebnisse und du gewinnst an Erfahrung, hast Spaß an der Arbeit und bekommst eine gute Note. Damit das funktioniert, müssen sich aber beide Seiten korrekt verhalten. Du musst das tun, was dein Betreuer von dir verlangt, damit er die Ergebnisse tatsächlich nutzen kann und er muss dafür sorgen, dass du eine klare Aufgabe hast und der Rahmen der Arbeit nicht völlig gesprengt wird. Leider kommt das Zweite in der Realität relativ selten vor. Häufig haben Betreuer keinen guten Überblick über die Inhalte die bereits in der Arbeit vorhanden sind und wollen immer noch dies und das oder jenes in die Arbeit rein haben. Das kann dazu führen, dass der rote Faden in der Arbeit verloren geht oder der Fokus mehr in Richtung Quantität statt Qualität geht. Beides ist nicht wünschenswert und gilt es zu verhindern. Das macht man durch gut begründetes „Nein" sagen. Da das gar nicht so einfach ist, kann es sein, dass man erst einmal lernen muss, wie man ein gutes und klares Nein rüberbringt. Das Nein muss überzeugend begründet sein und selbstbewusst ausgesprochen werden, damit dein Betreuer merkt, dass du dir ernsthafte Gedanken gemacht hast und die Entscheidung, dieses Thema nicht mit in die Arbeit zu nehmen, sowohl für dich als auch für ihn vorteilhaft ist. In der Praxis empfehle ich dir folgendes konkrete Vorgehen: Wenn dein Betreuer in einer Besprechung signalisiert, dass ein bestimmter Punkt noch in der Arbeit untergebracht werden soll, notierst du dir genau was er meint und antwortest, dass du das spontan nicht überblicken kannst und darüber nachdenken wirst. Das tust du dann auch. Wenn du keine guten Argumente findest, warum der besprochene Punkt nicht mit in die Arbeit soll, muss er mit rein. Falls du triftige Argumente findest, schreib sie auf und erläutere sie deinem Betreuer beim nächsten Treffen. Achte darauf, dass du dir auch Gedanken zu Rückfragen deines Betreuers machst, dir also überlegst, was er auf deine Argumente antworten könnte. Der Fokus deiner Argumente muss ganz deutlich darauf liegen, warum es für ihn ebenfalls nicht von Vorteil ist, wenn du den Punkt noch in die Arbeit mit aufnimmst. Wenn du fundiert argumentierst, dass es für dich und deinen Betreuer nicht von Vorteil ist den besprochenen Punkt in die Arbeit mit aufzunehmen und Gegenargumente bedacht kontern kannst, wird dein Betreuer deine Entscheidung zufrieden akzeptieren und sie dir nicht negativ, sondern positiv auslegen. Achte darauf nicht einfach „Nein" zu sagen, sondern richtig „Nein" zu sagen.

Im letzten Absatz dieses Kapitels möchte ich noch mal hervorheben, was zwischen den Zeilen schon deutlich geworden ist. Die gute Zusammenarbeit mit deinem Betreuer ist ein Schlüsselelement. Stell Fragen, besprecht euch oft und diskutiert. Du musst genau wissen, was dein Betreuer erwartet und wie vorzugehen ist. Wenn ihr euch regelmäßig abstimmt und du dir immer wieder Feedback holst, kommst du nicht nur an ein Ziel, sondern an das richtige Ziel. Das Ziel, das auch das Ziel deines Betreuers ist. Wenn du das geschafft hast und eben nicht nur eine gute wissenschaftliche Arbeit, sondern ein überzeugendes Gesamtpaket abgeliefert hast, steht der 1,0 nichts mehr im Wege.

Vortrag

An den meisten Universitäten müssen die in der Arbeit ausgearbeiteten Inhalte abschließend in einem Vortrag verteidigt werden, der ebenfalls mit in die Benotung eingeht. Daher ist es wichtig, auch beim Vortrag Spitzenleistung zu zeigen. Wie man das macht, ist schwer zu sagen, sonst gäbe es nicht unzählige teure Coaches und Seminare zu Vortragstechnik. Trotzdem möchte ich dir im Folgenden ein paar Tipps geben, wie du es schaffst, einen sehr guten Vortrag abzuliefern.

Als aller erstes empfehle ich dir *Vorträge von anderen Abschlussarbeitern* zu besuchen, falls du die Chance dazu hast. So kannst du für deinen eigenen Vortrag Erfahrung sammeln und dir überlegen, was du übernehmen möchtest, was nicht und wie du es noch besser machen kannst. Es nimmt dir auch etwas die Aufregung und den Druck, wenn du die Situation schon mal gesehen hast und der ganze Vorgang nicht komplett neu für dich ist. Wenn du dir den Vortrag zusammen mit deinem Betreuer angeschaut hast, lohnt es sich zu fragen, wie er den Vortrag fand, was ihm gefallen und nicht gefallen hat. Daran kannst du dich für deinen Vortrag orientieren und erfährst worauf dein Betreuer Wert legt. Ähnlich hilfreich ist es, wie bei der Abschlussarbeit, alte Vorträge zu haben, die sehr gut benotet wurden. Frag deinen Betreuer einfach, ob er dir alte Vorträge zukommen lassen kann, die er für gut genug erachtet, um sich an ihnen zu orientieren.

Es schadet auch nicht, wenn du dich etwas über Vortragstechnik schlaumachst. Ließ ein paar Blogs im Internet oder schau dir YouTube Videos über Vortragstechnik oder gute Vorträge an. Grundsätzlich kommt man im Maschinenbau viel zu wenig dazu, während des Studiums vorzutragen, obwohl es so unglaublich wichtig ist. Es ist hart, aber egal wie gut Ergebnisse sind, wenn sie schlecht vorgetragen werden, reduziert sich ihr Wert drastisch. Meiner Meinung nach wirken Ergebnisse immer nur so gut, wie der Vortrag, in dem sie vorgestellt werden. Du wirst die Fähigkeit gut vorzutragen in deiner späteren Karriere immer und immer wieder brauchen und kannst dich durch schlechte Vorträge entweder selbst behindern oder dir durch gute Vorträge einen unglaublichen Vorteil verschaffen. Sowohl besonders gute als auch besonders schlechte Vorträge bleiben im Kopf, wodurch sich die Zuhörer auch noch in der Zukunft an dich erinnern werden. Das kann dir Türen öffnen oder schließen. Ich empfehle daher Kurse über Vortragstechnik zu belegen. Ich habe an einem ganztägigen Kurs von der Hochschule teilgenommen und war überwältigt, wie stark sich meine Vortragstechnik durch dieses 10-stündige Investment verbessert hat. Schau doch direkt mal nach, ob so ein Kurs auch bei dir angeboten wird. Wenn nicht, überleg dir einen anderen Plan, wie du deine Vortragstechnik auf ein neues Level katapultierst, um deine zukünftigen Zuhörer vom Hocker zu hauen.

Networking

Eine erfolgreiche Abschlussarbeit hilft dir nicht nur dabei deinen Notenschnitt aufzubessern, sondern kann auch noch ganz andere nette Begleiterscheinungen herbeiführen. Da du durch die Abschlussarbeit an die Arbeit in einem Institut angebunden bist, hast du die Chance, dir einen Job als studentische Hilfskraft an Land zu ziehen. Nichts ist für einen Assistenten besser, als einen Abschlussarbeiter, der bewiesenermaßen gut arbeiten kann und bereits in dem Thema drin ist, als Hiwi einzustellen. Wenn du also Interesse an einer Stelle als Hiwi hast, ist die Abschlussarbeit (natürlich nicht, wenn es bereits deine Masterarbeit ist) die perfekte Gelegenheit, um dich unter Beweis zu stellen. Weitergedacht ist eine Masterarbeit natürlich ebenfalls der perfekte Einstieg für eine Promotionsstelle als wissenschaftlicher Mitarbeiter. Wenn du irgendwann Dr. -Ing. in deinem Personalausweis stehen haben willst, ist es unglaublich nützlich, die Masterarbeit zu nutzen, um einen Fuß in die Tür des Institutes zu bekommen. Gleiches gilt für externe Arbeiten, die in einem Unternehmen geschrieben werden. Diese sind die perfekte Vorlage für einen Job als Werkstudent oder eine Festanstellung.

Eine exzellente Abschlussarbeit kann dir auch Praktika ermöglichen, die du alleine nie hättest bekommen können. Gerade im Maschinenbau haben viele Institute der Hochschulen gute Kontakte zu Firmen in der Industrie und das nicht nur in Deutschland. Wenn du eine hervorragende Abschlussarbeit geschrieben hast, wird dein Betreuer dich mit Sicherheit gerne bei einem dieser Kontakte empfehlen, falls du dort ein Praktikum absolvieren willst. Eventuell gibt es ja sogar ein gemeinsames Projekt, für das dich die Firma direkt einsetzten möchte. Weil Praktika und Hiwijobs so wichtig sind, gibt es dazu nach dem gewohnten Zwischenfazit ein eigenes Kapitel.

Zwischenfazit

Abschlussarbeiten bieten dir die Möglichkeit, einen Abschluss mit Auszeichnung zu machen, auch wenn du nicht in jeder Klausur voll ins Schwarze getroffen hast. Hier sind andere Kompetenzen gefragt und auch eine andere Art zu arbeiten gefordert. Das folgende Zwischenfazit fasst die wichtigsten Punkte zum Thema Abschlussarbeiten zusammen.

Die richtige Arbeit finden

- Leg zuerst ein Themengebiet fest, in dem du deine Arbeit schreiben möchtest. Fokussier dich anfangs nicht zu sehr. Interesse entsteht häufig im Nachhinein, sobald man tiefer in ein Thema einsteigt.
- Überleg dir gut, ob du eine praktische, theoretische oder simulative Arbeit schreiben möchtest. Alles hat seine Vor- und Nachteile, die du in Anbetracht deiner Situation und deiner Ziele abwägen musst.
- Neben dem Thema und der Art der Arbeit ist es für den Ausgang deiner Arbeit extrem wichtig, dass du dir einen Betreuer suchst, mit dem du gut zusammenarbeiten kannst. Achte darauf, dass er bereits Erfahrung beim Betreuen von Arbeiten sowie ein klares Ziel vor Augen hat. Sei offen und frag nach, wie er sich die Zusammenarbeit und die Betreuung vorstellt, damit weder deine, noch seine Erwartungen enttäuscht werden.

Eine gute Arbeit abliefern

- Besorg dir gute alte Abschlussarbeiten, an denen du dich orientieren kannst, um herauszufinden, worauf dein Betreuer besonders Wert legt und wie eine gute Arbeit sowohl inhaltlich, als auch formal aufgebaut ist.
- Arbeite aktiv mit, liefere zu Problemen auch immer direkt einen Lösungsvorschlag und halte viel Rücksprache mit deinem Betreuer. Gib so oft es geht ausgearbeitete, optisch ansprechende Zwischenergebnisse ab, um deinem Betreuer zu zeigen, dass du gut

arbeitest und er dich, wenn nötig, wieder auf den richtigen Weg bringen kann.

- Stelle in Zusammenarbeit mit deinem Betreuer einen konkreten Zeitplan auf, an dem du dich orientierst und notfalls Änderungen vornehmen kannst.
- Verbringe viel Zeit am Institut. So kannst du Präsenz zeigen und Kontakt zu anderen Abschlussarbeitern knüpfen, die dir durch Tipps und ihre Erfahrung eine Menge Arbeit ersparen können.
- Lerne richtig „Nein" zu sagen und so deine Arbeit davor zu bewahren, vom Umfang und Inhalt über die Stränge zu schlagen.
- Erfrage immer wieder was dein Betreuer von der Arbeit erwartet und geh darauf ein. Nur so kannst du die Win-win-Situation erschaffen, in der er einen wissenschaftlichen Mehrwert durch die Arbeit erhält und du eine top Note bekommst.

Vortrag

- Deine Ergebnisse kommen nur so gut an, wie du sie letztendlich präsentierst. Sei dir dessen immer bewusst und achte darauf, immer wenn du Ergebnisse oder Zwischenergebnisse vorzeigst.
- Orientier dich für deinen Vortrag an herausragenden vergangenen Vorträgen.
- Nutze die Notwendigkeit als Chance und lerne etwas über Vortragstechnik. Ließ dir Wissen an, schau Videos und besuch Seminare. Von dieser Fähigkeit wirst du noch dein ganzes Leben lang profitieren.

Networking

- Abschlussarbeiten sind eine Steilvorlage, um Kontakte für Hiwijobs, Praktika oder Einstiegsjob zu knüpfen. Wenn du ein richtig ordentliches Gesamtpaket ablieferst, hast du direkt einen Fuß in der Tür und kannst nach einer Stelle als studentische Hilfskraft oder Kontakte für ein Praktikum fragen. Hast du extern geschrieben und/oder ist es deine Masterarbeit, kannst du nach Abschluss der Arbeit direkt nach einer Festanstellung fragen. Deine Chancen stehen definitiv deutlich besser als bei einer kalten Initiativbewerbung.

PRAKTIKA UND NEBENTÄTIGKEITEN

Wir haben bisher öfters festgestellt, dass es nicht reicht nur gute Noten zu schreiben, um ein Studium wirklich erfolgreich abzuschließen. Genauso reicht es nicht, während des Studiums nur genau das zu tun, was im Studienverlaufsplan steht. Kein Personaler mag Schmalspurstudenten, die während ihrer Studienzeit nichts anderes gemacht haben, als zu studieren. Die Folge des Schmalspurstudentendaseins ist, dass man aus dem Studium kommt und eigentlich das Gefühl hat, noch nichts wirklich zu können, bzw. nicht das Gefühl hat in einem Unternehmen einen Wert generieren zu können. Schaut man über den Tellerrand hinaus und macht was aus den Chancen, die sich einem während des Studiums bieten, sieht das ganz anders aus. Ich hatte nach meinem Studium überhaupt nicht das Gefühl keinen Wert schaffen zu können. Das lag daran, dass ich im Studium sehr lange als studentische Hilfskraft gearbeitet, ein sechsmonatiges Auslandspraktikum absolviert, mich aktiv in einen Verein eingebracht sowie zwei Zertifikatskurse und mehrere Seminare besucht habe. Wie und warum ich das gemacht habe, warum es so unglaublich wichtig ist die Schmalspur zu verlassen und wie du das am besten anstellst, erkläre ich dir in diesem Kapitel.

Hiwijobs und Werkstudententätigkeiten

Wenn mich jemand fragt, wodurch ich im Studium am meisten gelernt habe, was mich am meisten weitergebracht hat und was ich jedem Maschinenbaustudenten unbedingt empfehlen würde, würde ich meinen Hiwijob nennen, bzw. ich empfehle ihm sich einen Hiwijob zu suchen. Dabei geht es nicht um Wissen im klassischen Sinne, wie für Klausuren oder gute Noten (dafür habe ich bereits die Lerngruppe empfohlen), sondern um den Beruf als Maschinenbauer generell. Die folgenden Aussagen beziehen sich nicht spezifisch auf Hiwijobs an der Hochschule, sondern auf alle Nebenjobs, die etwas mit dem Maschinenbau zu tun haben und während des Studiums ausgeübt werden können.

Ein Nebenjob während des Studiums sollte nicht nur dazu da sein, etwas Geld dazu zu verdienen. Das Geld verdienen lässt sich gerade im Maschinenbau nämlich super mit dem Sammeln von Berufserfahrung, Knüpfen von Kontakten und finden neuer Freunde und Mentoren verbinden. Im Maschinenbaustudium ist es häufig deutlich leichter einen Nebenjob zu finden, der etwas mit dem Studium zu tun hat, als es beispielsweise für Germanisten oder Theologen der Fall ist. Das liegt daran, dass an deutschen Hochschulen im Maschinenbau viel geforscht wird und es demzufolge einen erhöhten Bedarf an studentischen Hilfskräften gibt, die den wissenschaftlichen Mitarbeitern unter die Arme greifen. Aber auch viele Firmen bieten Werkstudentenjobs im Bereich Maschinenbau an. Dadurch bekommen diese Firmen günstige Mitarbeiter, die bereits einen gewissen Grad an Fachwissen besitzen und können sich im besten Fall ihren eigenen Nachwuchs ausbilden. Ich halte es im Maschinenbau für absolut unsinnig, sich ein Nebenjob zu suchen, der fachfremd ist, wie das klassische Kellnern, Flyer verteilen oder im Supermarkt aushelfen. Es ist schlicht und einfach verschwendete Zeit, die du deutlich besser nutzen kannst, indem du Geld verdienst, dich weiterbildest, Erfahrung sammelst und Kontakte knüpfst und das alles gleichzeitig. Lediglich zu Beginn des Studiums, wenn das Studieren dich noch völlig ausfüllt oder wenn dein Nebenjob finanziell unglaublich lukrativ ist, kann ich nachvollziehen, warum man sich keinen Nebenjob im Bereich Maschinenbau besorgt. Um dir die Vorteile eines Jobs als studentische Hilfskraft näher zu bringen, möchte ich dir erzählen, wie es bei mir persönlich gelaufen ist.

Ich habe Ende des zweiten bzw. Anfang des dritten Semesters angefangen, als studentische Hilfskraft an einem Forschungsinstitut der RWTH Aachen zu arbeiten. Dort war ich im Bereich Fertigungstechnik tätig. Ehrlicherweise hatte ich dieses Themenfeld nicht gewählt, weil es mich besonders interessierte, sondern weil ich über eine Freundin meiner Schwester eine Verbindung zu einer Abteilung des Institutes hatte. Das berühmt berüchtigte Vitamin B. Ich hatte mich also während des zweiten Semesters dazu entschieden, mir einen Hiwijob zu suchen und daher die besagte Bekannte kontaktiert. Dabei ging es mir hauptsächlich um das Geld, aber ich wollte keine Regale einräumen oder Flyer verteilen, sondern etwas technisches Machen. Meine Bekannte hatte also meinen Lebenslauf an die wissenschaftlichen Mitarbeiter der Abteilung geschickt, in der sie selbst als Hiwine gearbeitet hatte. Kurz darauf hat mich einer der wissenschaftlichen Mitarbeiter angerufen und mich zu einem Gespräch eingeladen. Dieses verlief positiv und damit hatte ich den Job. In den folgenden zwei Jahren als Hiwi im Bereich Zerspantechnologie habe ich gelernt, Versuche zu planen, durchzuführen und auszuwerten, Präsentationen zu erstellen, Literaturrecherchen durchzuführen und noch einiges mehr. Zusätzlich war das Arbeitsklima sehr gut, sodass aus der Arbeit häufig auch Spaß wurde. Ein riesiger Vorteil hat sich ergeben, als ich während des fünften Semesters nach einem Praktikum suchte. Ich wollte 6 Monate weg und zwar weit weg. In die USA oder nach Kanada. Da ich schon recht gute Kontakte im Institut hatte, habe ich dort begonnen rumzufragen, ob es Kontakte zu Firmen in den USA oder Kanada gibt, die ich nutzen könnte. Zeitgleich hatte ich mich für ein öffentlich ausgeschriebenes Praktikum bei Rolls-Royce in den USA beworben. Beide Wege erschienen anfangs erfolgsversprechend. Bei Rolls-Royce wurde ich zu einem Interview eingeladen und es ergaben sich zwei Kontakte über das Institut. Zum Glück habe ich dann von Rolls-Royce eine Absage bekommen und einer der beiden Kontakte am Institut ist aus verschiedenen Gründen ebenfalls ausgeschieden, wodurch ich meine ganze

Hoffnung in den übrig gebliebenen Kontakt setzte. Es war ein langer und bürokratischer Weg, aber letzten Endes hat es geklappt und ich bin für 6 Monate nach Montreal (Kanada) geflogen, um dort bei einem Hersteller von Flugzeugtriebwerken zu arbeiten. Als ob das nicht schon gut genug gewesen wäre, hat diese Firma mich zusätzlich noch so gut entlohnt, dass ich mir den 6-monatigen Aufenthalt komplett selbst finanzieren konnte. Das ist definitiv nicht der Normalfall und die von mir besetzte Stelle wurde nie offiziell ausgeschrieben. Allein durch meine lange und scheinbar geschätzte Arbeit als Hiwi an dem Institut hatte ich die Chance, ein halbes Jahr in Kanada arbeiten zu dürfen. Zu diesem Zeitpunkt hat sich mir das erste Mal offenbart, was es für ein unglaublicher Vorteil ist, als Hiwi an einem Institut der Hochschule zu arbeiten. Ich wüsste nicht, wie man es sonst schafft, ein Praktikum in der zweitgrößten Stadt Kanadas, bei einem internationalen Triebwerkshersteller zu ergattern, welches so gut bezahlt wird, dass man sogar mit einem leichten Plus auf dem Konto nach Deutschland zurückkommen kann. Nach meinem Praktikum habe ich nahtlos erneut eine Stelle als Hiwi am besagten Institut bekommen, jedoch in einer anderen Abteilung, in der ich auch bis heute noch tätig bin. Lediglich nicht mehr als Hiwi, sondern als wissenschaftlicher Mitarbeiter.

Wie du siehst, ist es gar nicht von entscheidender Bedeutung, dass du einen Nebenjob findest, der perfekt zu deinen Interessen passt. Ich wusste beispielsweise lange überhaupt nicht, in welchem Bereich des Maschinenbaus meine Interessen liegen. Durch meinen Hiwijob wurde mein Interesse für die Fertigungstechnik überhaupt erst so richtig geweckt und sie hält bis heute an. Gleiches gilt ebenfalls für Werkstudentenjobs. Du solltest so früh wie möglich nach einem Nebenjob suchen, der dich nicht nur finanziell, sondern auch karrieretechnisch unterstützt. Es gibt verschiedene Möglichkeiten an einen Nebenjob zu kommen. Du kannst dich auf ausgeschriebene Stellen bewerben, Initiativbewerbungen verschicken oder mit Kontakten arbeiten. Es gibt auch die Möglichkeit, Institute auf dich aufmerksam zu machen, indem du die von diesem Institut gestellte Klausur beispielsweise mit 1,0 bestehst, wodurch du dich für eine Hiwistelle als Tutor qualifizierst. Lass dir diese Chance nicht entgehen und nutze die riesen Möglichkeiten, die dir ein Nebenjob im Bereich Maschinenbau bietet.

Praktika

In so gut wie jedem Studium ist es Pflicht oder wird freiwillig von fast jedem Studenten mindestens einmal, teilweise aber auch vielfach, durchgeführt, das Praktikum. Auch im Maschinenbau ist es gang und gäbe während des Studiums Praktika zu absolvieren. Im Gegensatz zum Nebenjob bin ich hier aber der festen Überzeugung, dass du dein Praktikum nach Interesse auswählen solltest. Praktika dienen dazu, Berufserfahrung in dem Bereich zu sammeln, in dem du später wirklich arbeiten willst oder dir vorstellen kannst zu arbeiten. Praktika sind nicht nur wichtig, um bei Firmen bereits einen Fuß in die Tür zu bekommen und Erfahrung zu sammeln, sondern auch, um Personalern in Zukunft zu zeigen, mit wem sie es zu tun haben. Für einen Personaler ist es ein himmelweiter Unterschied, ob du ein Praktikum in der Werkstatt deines Onkels in der Heimat gemacht hast oder in einem international agierenden und bekannten Konzern gearbeitet hast. Um dein Studium in jeder Hinsicht erfolgreich abzuschließen, gehört auch ein top Praktikum dazu. Wo du dein Praktikum gemacht hast und was du während des Praktikums gemacht hast, ist entscheidend für den weiteren Verlauf deiner Karriere. Deshalb rate ich dir, auf keinen Fall deine Bequemlichkeit siegen zu lassen, sondern die Chancen zu nutzen, die dir ein Praktikum bietet. Geh zu einer Firma die dich begeistert, mach das Praktikum im Ausland und sammle Auslandserfahrung oder steig in ein Thema ein, das dich schon immer interessiert hat. Es ist wichtig, dass du das Praktikum während des Studiums nicht als etwas Lästiges betrachtest, das getan werden muss, sondern als die Chance, die es in Wirklichkeit ist. Hier kannst du das erste Mal wirklich zeigen was für ein Typ du bist: Durchschnitt, der ein standard Praktikum, bei einem standard Unternehmen macht, in einer Stadt, in der er sowieso schon wohnt oder Überflieger, der ein Praktikum macht, welches einem ins Auge springt, wenn man den Lebenslauf vor sich liegen hat.

Um ein top Praktikum zu bekommen, muss auch deine Bewerbung top sein. Daher macht es Sinn, sich vorher mit der Materie zu beschäftigten. An vielen

Unis gibt es Seminare, Bewerbertrainings oder sogar Career Center, die dir dabei helfen, eine wirklich gute Bewerbung zu schreiben. Ich habe ein Bewerbertraining mitgemacht, welches über ein Wochenende ging und kann sagen, dass es sich wirklich gelohnt hat. Auch Assessment-Center Trainings werden häufig von Hochschulen angeboten, du musst dich nur ein bisschen schlaumachen und suchen. Du kannst auch im Internet und auf YouTube recherchieren, was eine wirklich gute Bewerbung ausmacht. Du wirst nicht glauben, wie viele Informationen du schnell und einfach findest und wie viele Leute sich nicht mal die Mühe machen, zehn Minuten zu investieren, um herauszufinden was eine gute Bewerbung ausmacht. Am besten solltest du allerdings mehrere Stunden und nicht nur zehn Minuten zu investieren. Dass du auf keinen Fall irgendwelche Standardvorlagen aus dem Internet für Anschreiben oder Lebensläufe verwenden solltest, muss ich hoffentlich nicht näher ausführen. Wenn du einen ersten Entwurf für Lebenslauf und Anschreiben fertig hast, lass mehrere Leute drüber lesen, um Fehler zu finden. Egal wie sorgfältig du warst, kleine Fehler schleichen sich immer ein. Über Rechtschreibung und Zeichensetzung lässt sich nicht streiten, über Inhalt und Design jedoch schon. Achte darauf, von wem du dir bezüglich des Designs und des Inhaltes deiner Bewerbung Ratschläge holst. Wenn deine Großeltern beispielsweise Korrekturlesen, ist es mit Sicherheit lieb gemeint, wenn sie dir dazu Raten deine Religionsangehörigkeit in den Lebenslauf zu schreiben, ein Personaler sieht dies jedoch nur äußerst ungern. Am besten holst du dir Hilfe bei Leuten, die sich mit dem Thema auskennen. Wenn dir wirklich niemand einfällt, der in einer Personalabteilung arbeitet oder anderweitig mit Bewerbungen zu tun hat, kannst du auch einen deiner Freunde fragen, der BWL studiert (davon hat doch jeder ein paar im Freundeskreis). Viele BWL Studiengänge haben Module die sich mit dem Personalwesen beschäftigten und wo sie lernen, worauf es bei einer Bewerbung ankommt. Ich selber bin kein Experte und kann dich diesbezüglich nicht beraten. Ich möchte dich aber dafür sensibilisieren, dass es wichtig ist, nicht mal eben eine Bewerbung zu schreiben und diese dann mit geänderter Anschrift an fünfzehn Firmen zu schicken, sondern sich wirklich damit zu beschäftigen, was eine top

Bewerbung ausmacht und dann mit Hilfe von Anderen genau so eine Bewerbung zu erstellen.

Wenn du einen Praktikumsplatz hast, ist das Spiel noch nicht gewonnen. Im Praktikum solltest du Vollgas geben, selbstständig arbeiten und Lösungen liefern. Ein richtig gutes Arbeitszeugnis oder ein Letter of Recommendation sind unglaublich mächtige Verbündete bei deiner nächsten Bewerbung. Um meine Leistung zu messen, habe ich mir bei Praktika, Nebenjobs und Abschlussarbeiten immer das Ziel gesetzt, am Ende eine Verlängerung oder ein Jobangebot zu erhalten, auch wenn ich nie die Intention hatte, diese Angebote anzunehmen. Es ist jedoch ein wirklich schönes Gefühl, dadurch gezeigt zu bekommen, dass man gute Arbeit geleistet hat und man gefragt ist. Das stärkt das Selbstbewusstsein und fördert die Motivation. Vielleicht machst du das Praktikum oder die externe Abschlussarbeit aber auch aus exakt dem Grund, um im Anschluss ein Jobangebot zu erhalten. Dann ist es natürlich selbstverständlich, dass du jeden Tag dein Bestes gibst, um zu überzeugen.

Vereine

Die Mitarbeit in einem Verein ist eine super Gelegenheit, sich von Schmalspurstudenten abzugrenzen. Du kannst neben dem Studium etwas völlig anderes machen, um Abwechslung zu bekommen, Kontakte zu knüpfen und deine Softskills zu verbessern. An den Hochschulen in Deutschland gibt es eine Vielzahl an interessanten Vereinen. Meistens gibt es sogar von der Hochschule eine Liste mit Vereinen. Schau einfach mal nach, was es um dich herum so gibt. Auch bei zukünftigen Arbeitgebern ist es gerne gesehen, wenn man sich während des Studiums in Vereinen beteiligt hat. Es zeigt, dass man kein Fachidiot ist und es geregelt bekommt, zusätzlich zum Studium (und Nebenjob) noch in einem Verein zu arbeiten. Vielleicht lernst du durch deine Vereinsmitgliedschaft sogar deinen zukünftigen Arbeitgeber kennen, das habe ich bereits mehr als einmal erlebt.

Ich habe lange in einem Verein mitgearbeitet, der die Startup-Szene in und um Aachen unterstützt. Dabei ging es nicht nur um technologisch orientierte Startups, sondern auch völlig ungewöhnliche Dinge wie Möbel aus Beton, neuartige Nagellacke oder eine abgewandelte Form des bekannten Events "Rudi Rockt". So habe ich viele inspirierende Ideen kennengelernt und Menschen getroffen, die zu Freunden geworden sind. Ich habe meine Fähigkeiten, Veranstaltungen zu organisieren und vor Menschen öffentlich zu sprechen, verbessert und viele gute Ratschläge erhalten, die mir beispielsweise auch bei der Erstellung dieses Buches sehr geholfen haben. Nirgends ist die Masse an Vereinen so groß wie an Hochschulen. Grundsätzlich sind Menschen, die sich neben der Arbeit oder dem Studium noch in Vereinen engagieren, sehr motiviert und habe eine positive Einstellung. Sich mit solchen Menschen zu umgeben wirkt sich automatisch auch positiv auf dich aus.

Weiterbildung

„Everybody wants to be a beast, until it is time to do what beasts do!" Sagt der erfolgreiche Motivationstrainer Eric Thomas aus den USA und ich teile seine Meinung. Wenn du dein Studium wirklich erfolgreich absolvieren willst, musst du mehr tun als andere. Aber es erfolgreich absolvieren zu wollen und es wirklich zu tun sind zwei völlig unterschiedliche paar Schuhe. Neben den bereits besprochenen Studienleistungen, Nebenjobs, Praktika und Vereinsarbeiten gibt es noch die Möglichkeit dich über Weiterbildungsmaßnahmen von denen, die es nur wollen, aber nicht tun, abzugrenzen. Natürlich ist es im ersten Moment unbequem nach einer anstrengenden Woche auch noch am Wochenende ein Seminar über Präsentationstechnik zu belegen, ein Bewerbertraining mitzumachen oder dir selbst Programmieren beizubringen, aber genau das ist es, was dich von

der Masse abhebt. Wenn du bis hierhin gelesen hast, dann studierst du nicht Maschinenbau, um einen sicheren Job mit akzeptablem Gehalt zu bekommen, sondern weil du einen hammermäßigen Job haben willst, der dir Spaß macht und bei dem du so viel Geld verdienst, wie du haben willst. Um das zu erreichen, musst du dein Studium an allen Fronten erfolgreich abschließen und dazu gehört auch, dich selber weiterzubilden. Auch der legendäre Erfolgscoach Jim Rohn sieht das so und sagt *„If you work hard on your job, you make a living. If you work hard on yourself, you can make a fortune."*

Es gibt viele Möglichkeiten sich neben dem Studium weiterzubilden. Du kannst an kostenlosen Kursen der Uni teilnehmen, einen Sprachkurs machen, Seminare besuchen, dir Dinge über die Vielzahl an verfügbaren online Tutorials beibringen oder Experte auf einem Themengebiet werden, indem du alle verfügbaren Bücher liest und so weiter und so weiter. Heutzutage ist das Angebot an Weiterbildungsmöglichkeiten nahezu unbegrenzt und eine Menge dieser Möglichkeiten sind kostenfrei. Selber habe ich während des Studiums ein Bewerbertraining, ein Rhetorikseminar, einen Zertifikatskurs im Projektmanagement, einen Zertifikatskurs im Qualitätsmanagement sowie Onlinekurse zu Webdesign und Programmierung mit Python belegt. Auch wenn es während der vielen extra Stunden manchmal nicht so gewirkt hat, kann ich rückblickend sagen, dass sich jede investierte Minute gelohnt hat. Schau dich nach Weiterbildungsmaßnahmen um und nimm diese während des Studiums wahr. Das Studium ist die mit Abstand beste Zeit, um sich auch persönlich weiterzuentwickeln.

Zu Thema Weiterbildung möchte ich dir noch eine Sache auf den Weg geben, die nichts mit dem Maschinenbau zu tun hat, hier meiner Meinung nach aber trotzdem sehr gut reinpasst und (ich hätte nie gedacht, dass ich so was mal schreibe) mein Leben verändert hat. Ich kann nicht mehr zurückdatieren, wann ich damit angefangen habe, aber es muss ungefähr in der Mitte des Studiums, also im vierten oder fünften Semester gewesen sein. Ich habe es mir seitdem zur Gewohnheit gemacht, jeden Tag unter der Woche 30 Minuten zu lesen. Damit meine ich nicht das Lesen von Scifi

Romanen oder anderer Belletristik, sondern von Büchern, die dich auf irgendeine Art und Weise weiterbilden. Das sind keine Fachbücher über Mathe oder Mechanik, sondern Biografien von erfolgreichen Personen, Ratgeber über Verhandlungstechnik und Selbstdarstellung, Bücher über Lerntechniken, Bücher über Fähigkeiten, die du dir aneignen willst, eben Bücher wie dieses hier, Bücher, die in irgendeiner Weise einen Mehrwert bieten, der über die reine Unterhaltung hinausgeht. Ich habe es mir zur Gewohnheit gemacht jeden Tag 30 Minuten früher aufzustehen, als es eigentlich nötigt wäre und diese 30 Minuten zu nutzen, um mit einem Kaffee ungestört zu lesen. Manche Bücher waren extrem hilfreich, andere weniger, aber was für ein unglaubliches Wissen du dir aneignest, wenn du über mehrere Jahre jeden Tag 30 Minuten liest, um dich weiterzubilden, ist unvorstellbar und die Konsequenzen wohl nicht abschätzbar. Ich werde dich jetzt nicht weiter damit bequatschen, weil es grundsätzlich nichts mit dem Maschinenbaustudium zu tun hat. Trotzdem wollte ich es erwähnt haben, weil es maßgeblich zu meinem Erfolg beigetragen hat. Vielleicht suchst du dir einfach mal ein Buch von der Literaturliste aus und probierst es aus. Fang mit zehn Minuten pro Tag an, wenn du glaubst, keine 2,1% (30 min von 24 h) von der Zeit deines Tages entbehren zu können, um dich persönlich weiterzuentwickeln.

Zwischenfazit

Das Dasein als Schmalspurstudent, der nur den reinen Studienverlaufsplan befolgt, führt nicht zu einem erfolgreichen Abschluss des Maschinenbaustudiums. Um zu erreichen, was du dir vorgenommen hast, musst du mehr tun, als nur gute Noten zu schreiben. Die besten Möglichkeiten, sich von der breiten Masse abzusetzen sind richtige gute Praktika, Nebenjobs, die dich nicht nur finanziell weiterbringen, Vereinsarbeit und das Arbeiten an deinen persönlichen Fähigkeiten. Um das in diesem Kapitel gelesene noch mal aufzufrischen, folgt wie gewohnt ein Zwischenfazit.

Hiwijobs und Werkstudententätigkeiten

- Verknüpfe das Geldverdienen mit dem Sammeln von Berufserfahrung, Lernen von neuen Fähigkeiten und Knüpfen von Kontakten.
- Dein Nebenjob kann dir Kontakte verschaffen, über die du Praktika findest, die unter normalen Umständen gar nicht ausgeschrieben werden.
- Es ist nicht von entscheidender Bedeutung, ob dein erster Nebenjob direkt zu deinem fachlichen Interesse passt. Meistens entwickelt sich das Interesse, wenn man sich mit der Materie beschäftigt. So findest du neue Interessen, die du vorher überhaupt nicht auf dem Schirm hattest.
- Such dir so früh wie möglich einen Nebenjob als Hiwi an einem Institut der Hochschule oder einen Werkstudentenjob. Such nach ausgeschriebenen Stellen, verschick Initiativbewerbungen oder mach auf anderen Wegen auf dich aufmerksam.

Praktika

- Suche Praktika nach Interesse aus, um herauszufinden, was für einen Job du nach dem Studium ausüben und nicht ausüben willst.
- Wo und was du für ein Praktikum gemacht hast, gibt zukünftigen Arbeitgebern einen Hinweis darüber, was für ein Typ du bist und ist entscheidend für deine Karriere. Lass nicht deine Bequemlichkeit siegen, sondern beweg dich aus deiner Komfortzone und absolviere ein Praktikum, das beim Lesen deines Lebenslaufes direkt ins Auge springt.
- Um top Praktikumsplätze zu bekommen, musst du erstklassige Bewerbungen verschicken. Informier dich durch verschiedene Quellen, was eine spitzenmäßige Bewerbung ausmacht und hol dir Hilfe von Personen, die sich auskennen.
- Gib während des Praktikums Vollgas, um ein sehr gutes Arbeitszeugnis und zusätzliche Jobangebote zu erhalten. Wenn du

weißt, dass du gefragt bist, ändert sich deine Verhandlungsposition in zukünftigen Bewerbungsgesprächen automatisch.

Vereine

- Vereinsarbeit eignet sich ausgezeichnet, um dich von Schmalspurstudenten abzugrenzen und neben dem Studium mal etwas völlig anderes zu machen.
- Durch die Mitarbeit in einem Verein lernst du neue interessante Leute kennen und verbesserst deine Softskills.
- Die Mitarbeit in einem Verein zeigt, dass du engagiert bist und deine Zeit so gut managen kannst, dass zusätzlich zum Studium und deinem Nebenjob noch Zeit für Vereinsarbeit bleibt.
- Das Studium ist die perfekte Zeit und die Hochschule der perfekte Ort, um sich in einem Verein zu betätigen. Nutze die Vielzahl an Angeboten, um etwas zu finden, dass dir Spaß macht und die genannten Vorteile mit sich bringt.

Weiterbildung

- Wenn du dich wirklich von der Masse abgrenzen willst und dein Studium in jeglicher Weise erfolgreich abschließen möchtest, musst du dich persönlich neben dem Studium stetig weiterentwickeln.
- Es gibt eine Vielzahl an Möglichkeiten, um dich weiterzubilden. Such dir interessante Seminare, Kurse und online Tutorien, um Neues zu lernen und jedem Studenten, der sich stur zum Fachidioten entwickelt, mindestens drei Schritte voraus zu sein.
- Mach deine persönliche Weiterbildung zur Gewohnheit, indem du in deinem Tagesrhythmus eine gewisse Zeitspanne für das Lesen reservierst.

HANDLUNGSPLAN

Häufig ist es bei Büchern so, dass man sie liest und nach dem Auslesen der letzten Seite ins Regal stellt, um damit Staub einzufangen. Um das zu vermeiden, lasse ich dieses Buch mit einem konkreten Handlungsplan enden. Grundsätzlich empfehle ich alle folgenden Punkte umzusetzen. Wann die jeweiligen Punkte anzugehen sind, hängt jedoch davon ab, wo innerhalb des Studiums du dich aktuell befindest. Am besten ordnest du dich selber ein und fängst an die Dinge umzusetzen, die am besten zu deiner aktuellen Situation passen.

ORGANISATION

- Lade dir eine Kalenderapp für dein Handy herunter, leg das Monatsblatt des Kalenders auf eine Seite deines Handys und trage alle aktuellen Termine mit Erinnerungsfunktion ein.
- Lade dir eine Listenapp herunter, mit der du auf deinem Handy eine ToDo-Liste führen kannst und trage alle Aufgaben und Dinge ein, die du noch erledigen willst.
- Setz das Organisationssystem um, indem du Kalender und ToDo-Liste befüllst und dir sonntags zehn Minuten Zeit nimmst, um den Plan für die kommende Woche auszufüllen.

VORLESUNGSPHASE

- Überleg dir zu Beginn des Semesters, welche Fächer du mit welchen Noten absolvieren willst und was du neben dem Studium erreichen möchtest. Schreibe deine Ziele auf und stimme sie aufeinander ab.

- Erstelle deinen Semesterplan, indem du fest terminierte Univeranstaltungen und Nebentätigkeiten einträgst und die vorhandenen Lücken mit Alltagsaufgaben oder Lernsprints füllst.

- Erstelle dir eine Strategie für jedes Fach, indem du alle vorhandenen Informationen für das Fach besorgst, dir ein Ziel setzt und festlegst, wie du mit dem vorhandenen Material, das von dir definierte Ziel erreichst.

KLAUSURENPHASE

- Erschaffe dir eine Tagesroutine, die dich in der Klausurenphase dabei unterstützt, leistungsfähig, gesund und motiviert zu bleiben. Achte dabei auf genug Schlaf, gesunde Ernährung, ausreichend Pausen, ausreichend sportlichen Ausgleich und Erholungsphasen.

ALLGEMEINES

- Such an deiner Uni nach Seminaren zu Vortragstechnik oder Rhetorik.

- Besorg dir einen Job als studentische Hilfskraft oder Werkstudent.

- Schau dich um, ob es in deiner Umgebung interessante Vereine gibt, in denen du dich beteiligen kannst.

- Bilde dich neben dem Studium kontinuierlich weiter, indem du Seminare besuchst, online Kurse absolvierst und regelmäßiges Lesen zu einer Erfolgsgewohnheit machst.

Du hast es geschafft. Du weißt jetzt, was zu tun ist, um dein Maschinenbaustudium erfolgreich abzuschließen. Jetzt liegt es an dir, die Dinge umzusetzen und dir den Weg zu einer steilen Karriere als Ingenieur zu ebnen.

Wenn du Fragen oder Anmerkungen hast, kannst du mir auch direkt eine Nachricht schreiben. Ein Kontaktformular findest du auf www.lennard-w-hermann.de. Falls dir das Buch gefallen hat, würde ich mich über eine Bewertung auf Amazon sehr freuen. Eine Bewertung zu verfassen dauert weniger als zwei Minuten und ist wichtig, um Indie-Autoren wie mich, die keinen großen Verlag hinter sich haben, zu unterstützen. In der Ebook-Version musst du dazu einfach auf die Sterne tippen. Für das Taschenbuch kannst du auf Amazon.de unter „Meine Bestellungen“ eine Bewertung abgeben.

Falls dir beim Lesen Fehler aufgefallen sind oder du Verbesserungsvorschläge hast, würde ich mich freuen, diese zu korrigieren und umzusetzen. Bitte schreib mir dazu ebenfalls eine E-Mail.

Wenn dich weiterführend zum Studium interessiert, wie man als Ingenieur oder Ingenieurin eine richtig steile Karriere hinlegt, kann ich dir den RocketEngineers Podcast sehr empfehlen. In dem Podcast werden erfahrene Ingenieure in Führungspositionen bezüglich ihrer Gewohnheiten, Tipps und Hacks für eine erfolgreiche Karriere interviewt. Such dafür einfach bei Spotify, iTunes oder einer andere Podcast App nach „RocketEngineers“.

Ich wünsche dir ein erfolgreiches Studium

Lennard